JN220380

ハンドメイドで
夢を
かなえる

本気で売るために
実践すること

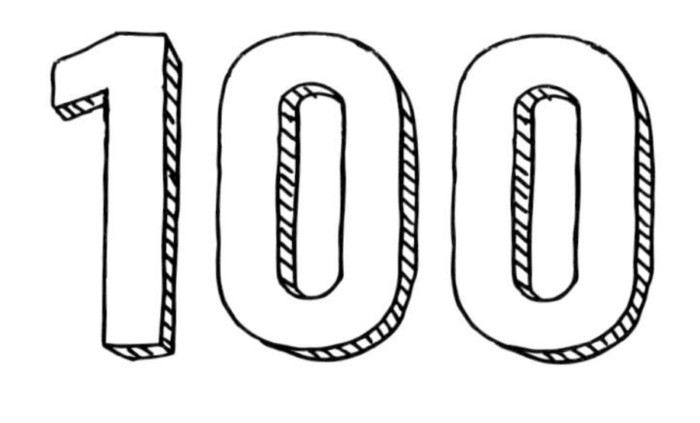

田中正志 著

はじめに

夢を夢で
おわせらない
ために

皆さんの夢は何ですか？「子育てしながらお小遣いを稼ぎたい」といった実現しやすいものから、「ハンドメイドだけで生計を立てたい」「デパートに卸す人気作家になりたい」といったものまで、大なり小なりハンドメイドでかなえたい夢があることでしょう。

盛り上がりを見せるハンドメイド市場ですが、実際にやってみると「どうして自分の作品は売れないのだろう？」とため息をつく人も多いのではないでしょうか。出品するときにはワクワクする思いで期待していたのに、いつしか諦めかけた気持ちになっていませんか？

「出品したけど売れなくて……」それには必ず理由があります。あなたの作品づくりを趣味で終わらせないために、まだまだやれることがあるのです。この本では、夢を夢で終わらせないために、実践すべきことを100個集めました。やるべきことをしっかり理解して行動にうつせば、思い描く夢は近づいてきます。これから出品する方も、もっともっと売って人気作家になりたい方も、「販売＝サービス」のノウハウをぜひ身につけてください。

この本では、ハンドメイドマーケットを中心としたネット販売についての内容が主ですが、どんな販売方法でも通じるノウハウをたくさん紹介しています。あなたの思いを込めた作品が、多くの方の手に届くことを願っています。本書が皆さんの夢をかなえるお手伝いができれば、これほど嬉しいことはありません。

2016年11月
株式会社ウィルマート
田中正志

『大切なのは実践するという
気持ちと行動です』（THEORY001より）

『小さな積み重ねが“売れるスパイラル”を生みます』
（THEORY088 より）

INTERVIEW

インタビュー

……

夢にむかって進む
8人の人気ハンドメイド作家さんに、
売るための工夫について
伺いました。

ぞうきんも縫えなかったお母さんが 娘のくるみボタン作りをきっかけに 月350本のヘアバンドを売る 人気作家に。

布もの作家

cocoito あきなこさん

DATA

屋号：cocoito
URL：minne.com/112206/profile
販売経路：minne

PROFILE: 3児の母として家事・育児をこなしながら、ヘアバンドを制作・販売。2015年からminneでの販売をスタート。人気女性誌のブロガーとしても活動中。

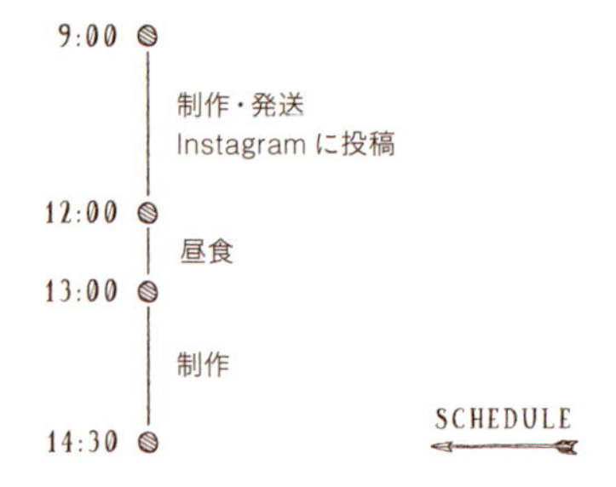

娘のために苦手だった ハンドメイドに挑戦

ハンドメイドを始めてからわずか1年半で月350本ものヘアバンドを売り上げる人気作家となったのが、cocoitoを主宰するあきなこさん。以前は裁縫に興味がなく、「幼稚園のバッグやぞうきんもママ友に作ってもらっていた」というから驚きです。

人生を大きく変えた転機は2014年夏、当時小学1年だった長女に頼まれて、くるみボタンの制作を手伝ったこと。「布を切って接着剤で貼るだけの簡単なものですが、ママ友にプレゼントしたら喜んでもらえたんです。そのうちに、子ども向けのシュシュやリボンも作るようになり、『売って欲しい』といっていただけるようになりました」。そこで、地元の「手作り市」に出展したところ、一部の商品が売り切れてしまうほどの人気に。驚きとともに喜びを感じ、ハンドメイドにのめり込んでいったと言います。

ヘアバンドに絞って minneへの出品を開始

minneへの出品にあたっては、「ひとつに絞ったほうが効率よく制作できるし、作っていて楽しいから」と、ヘアバンドに特化。ママ友に意見を聞きながら試行錯誤を重ね、オリジナルのデザインを完成させました。生地は、持ち前のセンスを生かして自由が丘の専門店やネット通販で購入。締め付け感のないつけ心地の良さと、リバティ柄やリネン地を使ったおしゃれなデザインが評判を呼ぶのに、時間はかかりませんでした。「最初の半月の売り上げは3万円程度でしたが、3カ月後には10倍に跳ね上がりました。特に宣伝はしていないので、びっくりしましたね。」

華やかなリバティ柄やナチュラルなリネン地が人気

少しでも価格をおさえるため、包装はあえてシンプルに

Instagramの更新で売り上げがアップ

2016年1月にInstagramを始めてからは、売り上げがさらにアップ。大阪のデパートや美容院から委託販売の話も舞い込み、minneで月200本、委託販売で月150本、合計月350本とハイペースで売れ続けています。「ほとんど毎日、スマートフォンで写真を撮ってインスタグラムにアップしています。作品の紹介はもちろんですが、部屋のインテリアやファッションも公開。日々継続すること

「人の意見を聞きすぎて、軸がぶれないように注意しています」

でたくさんの方に見ていただけるようになったと実感しています。」固定ファンが多いのもcocoitoの特徴で、約3割がリピーター。minneに出品すると多くの「いいね」がつき、すぐに売れてしまうこともめずらしくはないと言います。

大変なのはすべて1人で作業すること

周囲からうらやましがられるほどの成功をおさめていますが、本人の心境は複雑。急激な変化についていけず、不安になることのほうが多いのだとか。「すべて1人でやっているので大変。がんばる意味があるのかなぁ、と落ち込んで辞めたくなることもあります。でも、病気で入院している方から『ヘアバンドをつけると明るい気持ちになれます』というメールをいただいたり、働くお母さんから『3人の子持ちでがんばっているのを見ると元気がでます』といっていただいたり。自分の作品が

はぎれで作ったマスキングテープは購入特典のプレゼント

人のためになることがうれしくて、再びやる気がわいてきます。」

作業は1日4〜5時間
夜や週末は家族の時間に

3人の子どもを育てる主婦であるあきなこさんにとって、生活のベースはあくまでも家庭。一番下の子どもが幼稚園に行っている4 〜5時間に集中して作業を行い、子どもや夫の帰宅後や週末にはできる限り仕事を持ち込まないように心がけています。「作家である前に、妻であり母ですから。家族のおかげで好きなことをさせてもらっているので、線引きはきっちりとしています。でも、夜や週末にも作りたくなって、ソワソワしちゃうんですけどね（笑）。」

友人のハンドメイド作家さんのはんこでタグを作る

ハンドメイドにはまるきっかけをくれた長女は現在、ヘアバンドが大好きな一番のファン。2人の息子も「ママの仕事はミシン」と理解してくれているそう。仕事と家庭とのバランスを模索しながら、「いつか商品のデザインや企画にもたずさわりたい」という夢に向けて、日々走り続けています。

あきなこさんの3つの工夫

Point 01　子どもがいない時間に集中して作業する

Point 02　生地にこだわり、自分が使いたいと思うものを作る

Point 03　Instagramは毎日更新、新作や部屋のインテリアを公開

CASE
002

プチプラのイヤーカフが月600個の大ヒット。強い覚悟と徹底したプロ意識でパートを辞めてアクセサリー作家に！

アクセサリー作家
kodemari さん

DATA

屋号：kodemari
URL：minne.com/kodemari
販売経路：minne、Creema、Stores.jp、委託販売（路地裏3坪雑貨店／京都、maman style／高知）

PROFILE：2014年アクセサリーの制作販売を開始。デイリーに使えるシンプルなデザインからとっておきのイベント用まで、手頃な価格のアクセサリーを販売。九州地方を中心にイベントにも出店している。

「好きを仕事に」を目指して作家になることを決意

出産を機に、勤めていたアパレル会社を退職。ファミリーレストランでパートをしながら子育てに奮闘していたkodemariさんがアクセサリー作家に転身したのは、ママ友との何気ない会話がきっかけでした。「ハンドメイド作家として活躍している人がいて、パート代くらいの収入にはなっている、という話を聞きました。好きなことを仕事にで

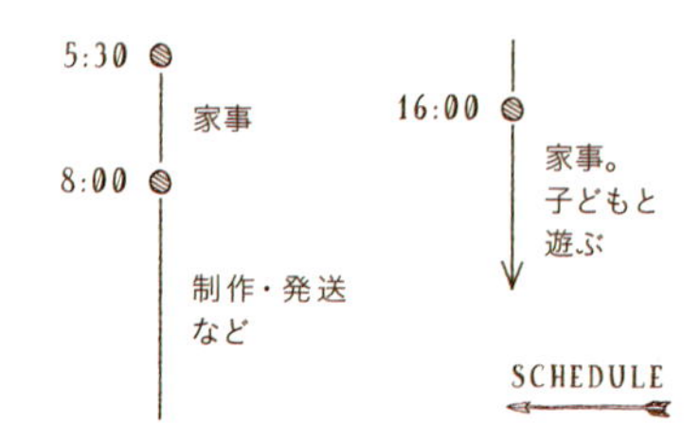

きるなんて素敵だなぁ、と憧れに近い気持ちを抱いたのを覚えています。」自身は、子どもの病気でパートのシフトに穴を開けてしまうことが多く、仕事と子育ての両立に悩んでいた時期。「仕事も子育ても、どちらも中途半端な状況から抜け出したいと考えていました。アクセサリー作りの経験はなかったのですが、ハンドメイドは好きだったので、挑戦してみることにしたんです」と、当時を振り返ります。

ヒット作品を生み出し
一躍売れっ子作家に

minne出店から1カ月後には、小さな三角形をモチーフにした「さんかくのイヤーカフ」がスマッシュヒット。お気に入り登録数は2万6000件、売り上げは最大月間600個に達し、注目が集まりました。「一気に売れたのではなく、じわじわと注文が増えていった感じです。minneのフォロー機能のおかげで、作品が拡散されたんでしょうね。」一時は制作に追われるあまり、精神的に追いつめられたこともあったといいます。「自分の時間がなく、イライラしていました。でも、『仕事はやらないと終わらない』『甘えた考えは捨てよう』と心を決め、ひたすら手を動かすことで乗り越えました」と話します。

その後も、手首を華奢に見せてくれるブレスレットやガラスドームにドライフラワーを閉じ込めたピアスなど、ヒット作を連発。市販品にはない斬新なアイデアと、気軽に購入できるプチプライスで人気が高まり、テレビや雑誌でも紹介されるようになりました。

プロとして生活するために
スケジュール管理を徹底

ハンドメイドを本業とするか、それとも趣味として楽しむか。悩む人も多いと言いますが、kodemariさんは前者。minneでの販売開始と同時

ブレスレットやイヤーカフ、イヤリングなど、さまざまなアクセサリーを提案。価格は1000円～2000円前後とリーズナブル

期にパートを辞め、アクセサリー作家として生計を立てる決意を固めました。「収入を絶ったことで腹が決まり、ひとつひとつの出来事に真摯に向き合うようになりました」と話します。

勤務時間を自由に決められる在宅仕事だからこそ、スケジュール管理を徹底。毎朝5時半に起きて、子どもが学校に行く前に家事をすませ、帰宅するまでを勤務時間と定めています。「勤務時間は、お客様と向き合う時間。仕事が少なく暇なときでも、あらゆる年代のファッション誌をチェックしたり、SNSを更新したりと、今後の仕事につながる何かに取り組んでいます。」家事をしながら、テレビを見ながら、といった「ながら仕事」は絶対にNG。その分、子どもの帰宅後にはゆったりと過ごし、オンとオフを上手に切り替えています。

引き際を決めて
やれることを精一杯やる

「年間の収益が以前のパート代以下になったとき、家族が病気になったとき、家族に反対されたとき。この3つを引き際として、あとはやれることを精一杯やろうと決めています」と話すkodemariさん。作家としてのプロ意識と、前向きに突き進むチャレンジャー精神が、成功の秘訣なのかもしれません。

kodemariさんの3つの工夫

Point 01　あらゆる年代のファッション誌をチェック

Point 02　趣味ではなく仕事。引き際を決めて自分を追い込む

Point 03　「ながら仕事」は絶対にしない

CASE
003

怪我入院をきっかけに
革小物作りを開始。
「好き」を「売る」につなげる努力で
コツコツと売り上げアップ。

革小物作家

ちびえみさん

DATA

屋号：ちびえみ
URL：minne.com/tibiemi
販売経路：minne、Creema、iichi

PROFILE: 2012年より手縫い革小物の制作を始める。「大人かわいいもの、長く使えるもの」がポリシー。「デザインフェスタ」など、イベントにも多数出展。

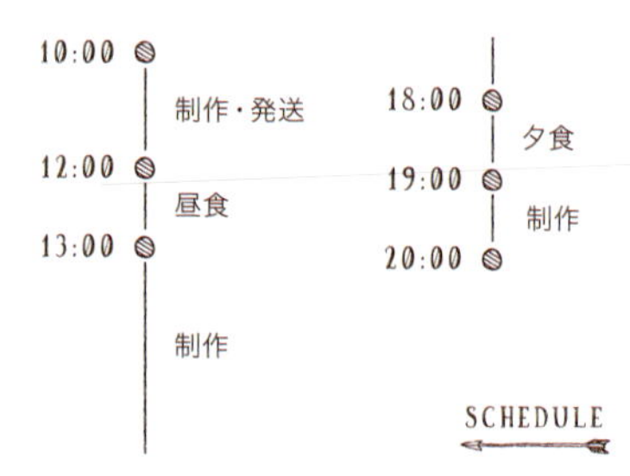

女性に喜ばれるかわいらしい革小物

小鳥をあしらったがま口ポシェットや、猫のモチーフが揺れるパスケース。思わず「かわいい！」と声があがる作品で女性の心をつかんでいるのが、革小物作家のちびえみさん。ひとつひとつ手縫いで丁寧に仕上げた作品で、着実にファンを増やしています。

「男性が作る革小物は、硬くて上質な革を使ったシンプルなものが多いんです。でも私が選ぶ革は、手触りが柔らかくて軽いものばかり。口金の形や革の発色にもこだわって、持っているだけでワクワクするような作品を目指しています」と話します。

母親が洋裁の先生をしていた影響で、子どもの頃から当たり前のようにハンドメイドに触れていたちびえみさん。本格的に取り組み始めたのは2012年の夏、足の骨折で数カ月にわたる療養生活を送ったことがきっかけでした。

「それまで続けてきた介護の仕事ができなくなり、思うように身体を動かすこともできない。それならば、この機会に好きなことをやってみよう、と思ったんです。刺しゅうや彫金、編み物、粘土細工、羊毛フェルトなどあらゆるジャンルのハンドメイドに挑戦しましたが、中でも一番はまったのが革小物でした。」 問屋街で革のはぎれや道具を仕入れ、市販の型紙やインターネットを頼りに独学で勉強。ミニチュアのバッグやブーツなどの小さなものから始め、次第にポーチやショルダーバッグなどへとステップアップしていきました。

「療養中は、怪我で仕事ができないもどかしさもあり、痛みや苦しみが多い日々でした。そんな生活から救ってくれたのがハンドメイド。好きなことに夢中になれる時間を持てるのは幸せなことだなあ、と実感したんです。」

研究と努力を重ねて
「好き」を「売る」につなげる

「スマホひとつで簡単にできるから」と、軽い気持ちで通販サイト「iichi」や「minne」への出品をスタートしたものの、当初の売り上げは月に数千円程度。材料代に少し足した程度

猫をモチーフにした小物は、
「よく売れる」人気アイテム

はぎれも無駄にせず、ミニがま口のストラップなどを制作

の安い価格で販売していたこともあり、生活費を同居の両親に頼る日々が続いていました。

そんなちびえみさんを成功へと導いたのは、飽くなき向上心と探究心。「数多くの作品から選んでもらうためには、人とは違うものを作るべき」と考え、ほかでは売られていないオリジナリティーあふれる作品を生み出しました。また、夏にはさわやかなブルーの革を打ち出したり、クリスマスシーズンには赤や緑のひいらぎモチーフを取り入れたりと、季節によって異なるデザインを提案。楽天市場のランキングやファッション雑誌で売れ筋をチェックするなど、流行を知るための努力も欠かしません。

「自分が好きなものだけを作るのは理想的かもしれませんが、売れなければ材料を買うことすらできない。かといって、売り上げだけを目標にすると、面白くなくなってしまいます。大好きなハンドメイドをずっと続けていくために、私はいつも『楽しむ』『売る』と2つの視点を持つように心がけています」。

2～3日に1度のペースでinstagramを更新して新作を公開したり、Facebookのページを作成したりと、お金をかけずに宣伝できるSNSも積極的に活用。iichiやminneに出品さ

ちびえみさんの3つの工夫

Point 01
自分だけの
オリジナリティーを追求する

Point 02
流行や季節に合わせた
作品を制作

Point 03
イベントには
積極的に参加して人脈作り

れているほかの作品を参考に価格も見直した結果、2016年の春頃には月10万円前後の収入を得られるまでになりました。

「4年間かけて、じわじわと売り上げが額が増えてきました。まだまだ少ないですが、ようやく軌道に乗ってきたかな、という手応えは感じています。」

イベントで知り合ったハンドメイド仲間が宝物

ちびえみさんの成長を後押ししてくれているのは、イベントを通じて知り合ったハンドメイド仲間たち。デザインフェスタやハンドメイドイ

革に穴を開けたり、型抜きをしたりと、力仕事が多い

ンジャパンフェスなどのビッグイベントはもちろん、小さなイベントにも毎月のように参加し、仲間との交流を深めています。

「minneやiichi、Creemaなどのサイトをすみずみまでチェックして、出展募集があれば逃さずに応募しています。イベントは準備が大変ですが、たくさんの仲間と出会えるのが楽しくて辞められません。情報交換をしたり、一緒に出展したりと、助け合いながら刺激を受けています。」

また、お客さんが「この前買ったバッグ、気に入って使っているよ」「革の色が、だいぶなじんできたよ」などと声をかけてくれることが、作品作りの励みにもなるのだとか。イベントに立ち寄った人が、後日通販サイトを訪れて買い物をするなど、売り上げ面でも役立っています。

「比較的高価な商品は、minneやCreemaよりもiichiのほうがよく売れますね」

商品にはショップカードと手書きのメッセージを添えて

奥が深い革の世界で
自分だけの作品に挑戦

革小物は、男性作家が多いジャンル。本業として取り組んでいる女性の作家は、まだまだ少ないのが現状です。「革は種類や厚み、柔らかさなどさまざまで、それによって扱い方も異なります。想像よりも奥が深く、自分は未熟だと感じることが多いですね。」もっと技術を磨くために、気になるワークショップを見つけたらどんどん参加。平日、週末を問わず、日々作品作りに専念しています。

「これからもオリジナリティーを大切にして、誰もやっていないものを作りたい。『革でこんなものが作れるのか！』と驚いていただけるような作品が目標です。」オンリーワンの革小物作家を目指して。挑戦はまだ、始まったばかりです。

ころんとした形がかわいい革の鈴

多肉職人

パリジェンヌさん

DATA

屋号：パリジェンヌ
URL：www.creema.jp/c/Parisienne/item/onsale
販売経路：Creema

PROFILE: 出産をきっかけに仕事を辞め、以前からの趣味だったガーデニングで多肉植物の販売を始めることに。Creemaで売り上げ3000個を達成するほどの人気多肉職人になり、旦那様も仕事を辞めて、夫婦で多肉植物の販売に専念している。2児の母。

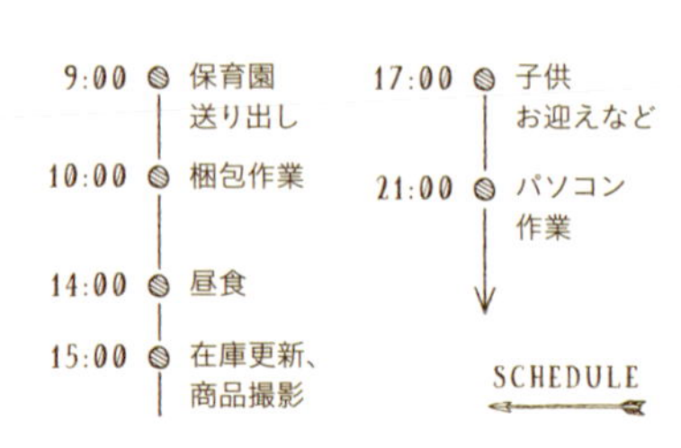

苦手な節約をがんばるより思い切ってガッツリ稼ごう！

以前は調剤薬局の事務員としてフルタイムで働いていたパリジェンヌさん。出産をきっかけに退職。自由に使えるお金が欲しいけど、節約は苦手だからガッツリ稼ごう！と考えたそうです。子どもがまだ小さかったため在宅の仕事をと考え、昔からの趣味である植物を販売することを思いつきました。

「私の母は植物が好きで、実家の庭

は森のようでした。植物と一緒に生活することが当たり前の環境で育ったので、多肉植物の栽培に興味がわいたのも自然な流れでした。多肉植物の魅力はインテリアとして場所をとらないことと、生命力が強く育てやすいこと。あまり手をかけなくても元気に育ってくれるので、誰にでも育てやすい植物だと思います。また、以前ネットオークションで多肉植物のカット苗（根のついた部分を切り落とした苗）がとても高い値段で売られていることを見て、多肉植物ってずいぶん人気があるんだな、ということがずっと頭の片隅にありました。」

ここでしか買えないラインナップとアレンジにこだわる

当初は配達中のトラブルに不安があり、小さな苗を中心に販売していたそう。でもそれだけでは売り上げが伸びないと考え、梱包資材や発送方法などを工夫して商品を増やすことにチャレンジ。植物のラインナップが増えたことで、急にお客様からの注文が増えたそうです。

「こだわりは、植物のセレクトとアレンジです。ネット販売では、ここでしか買えないようなレアものを揃えることがポイント。近所の普通の花屋さんにあるような植物を揃えても意味がありません。また、必ずウチ

まるでプレゼントのような多肉植物の寄せ植え

サボテンや多肉植物の水耕栽培。涼し気で夏のインテリアにおすすめ

多くのフォロワーを集めるCreemaとminne内のページ

ならではのオリジナルのアレンジ要素をどこかに取り入れるようにしています。ただ同時に、自分のこだわりに固執しないことも心がけています。自分のこだわりが必ずしもお客さんに受けるとは限りません。主人や友人が良いと思う感覚も大切にしています。実際、ネット販売ではお客様からいろいろなご意見をいただくので、自分の感覚では気づかなかったことをたくさん発見することができました。」

常に改善と工夫を積み重ねることが大切

パリジェンヌさんは売れないときは常にその理由を考え、商品を撮影し直したり説明文を変えたりするなど、日々、売れるための努力をしています。

「特に、画像はお客様が商品を買うかどうかを判断する大きなポイントだと思うので、撮影場所や時間帯など写真の撮り方には注意を払っています。納得のいく1枚が撮れるまで、何度も何度も撮り直しすることもあります。」

努力の甲斐があってか、Creemaで3000個の売り上げを達成！ ご主人が仕事を辞めて、夫婦で多肉植物の販売仕事に専念するほど、注文が殺到しています。

旦那様は、「仕事を辞めることにいろいろ不安はありましたが、もと

パリジェンヌさんの３つの工夫

Point 01　ここでしか買えない商品の
ラインナップとアレンジを追求

Point 02　写真は納得の１枚が撮れるまで、
何度も撮り直す

Point 03　現状に満足せず、
常に改善と工夫を積み重ねる

もと自営業の仕事に興味があったことと、妻の仕事がどんどん軌道に乗っていくのを見ていて、タイミング的に今しかない！と（笑）。自分が仕事に加わることで、さらにお店が発展していけるようにしたいですね。」と話します。

「軌道に乗るまで、何度も小さな改善や工夫を積み重ねてきました。そうしてようやく、今の形ができてきたところです。夫婦でビジネスとしてやっていくと決めたからには、売り続けなければならないというプレッシャーも感じます。でも現状に満足せず、常に改善と工夫を続けて、主人とがんばっていきたいと思っています。今後は、商品数を増やすことお客様に直接接する機会を増やすために、実店舗展開も考えていきたいですね。」

アンティーク調のポットに淡い色の多肉植物を寄せ植え

「世界で1つだけ」の
オリジナル消しゴムはんこで
世界進出を目指す。

けしごむはんこ作家

acha かさいあさこさん

DATA

屋号：acha

URL：ameblo.jp/achacha-hanko

販売経路：tetote、委託販売（雑貨店）、イベント

PROFILE: 2011年から消しゴムはんこを作り始め、玩具問屋や文具メーカーの営業・企画などを経て、2013年に独立。「世界でひとつ」のオリジナル作品作りを目指すと同時に主にマンツーマンで講師として消しゴムはんこ作りを教えている。

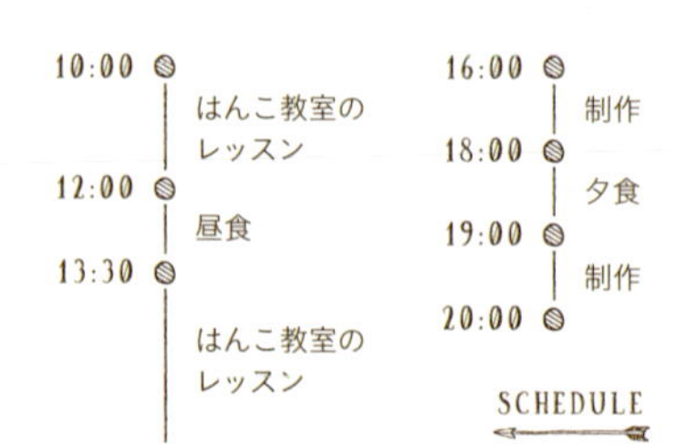

消しゴムはんことの運命的な出会い

かさいさんとはんこの出会いは、子どもの頃におじいさんが彫ってくれた小さなはんこ。「あさこ」と名前が彫られたそのはんこを、宝物としてずっと大事にしていたそうです。大人になって消しゴムはんこの本を見たときに、この宝物のことを思い出し、「私もこれをやろう」と運命を感じたと言います。のちに、おじいさんは、はんこ職人になりたかっ

たが戦争でその夢を叶えられなかったと知り、おじいさんの夢を自分が叶えたい、という思いを持ちました。

フォロワーゼロからスタート「会いに行ける作家」を目指して

最初は友人へのプレゼントがてら練習を重ねていたところ、デザインフェスタの存在を知り出展。思った以上に売れたことから、もっと自分の作品を全国の人に届けたい、という気持ちになりました。

当初は会社員との二重生活でしたが、それが大変になった頃に「だめだったらアルバイトでもしよう。」くらいの軽い気持ちで会社を退職、作家1本での挑戦が始まりました。資格をとりつつ、主に独学で腕を磨きました。そして営業職や企画職の経験のあるかさいさんが力をそそいだのは、自身と作品のブランディングでした。

ふせんにぴったりのサイズ、など使用方法を考えながら商品開発

「まず出るイベントは参加してプラスになると思われるところに絞りました。今でも年に2回出ています

かさいあさこさんの3つの工夫

Point 01 ブログやSNSは目的に合わせて使い分け

Point 02 生徒やファン、お客様を大切にする

Point 03 実現したい夢は積極的に口に出す

が、フリーマーケットなど、出てもイメージアップにつながらないと思われるところは最初から避けました。

フォロワーがいなかったFacebookも、地道に継続することで少しずつファンの輪が広がり、今ではフォロワーも2400人を超えています。「『会いに行けるアイドル』ではありませんが、『会いに行ける作家』を目指しています」とかさいさん。売るのは商品だけでなく、自分自身でもあると考え、かさいさんの人柄も見せ、応援してくれるファン作りをしています。

シリーズで制作すれば、ファンも思わずコレクション

顔と名前を覚え、お客様を大切にする

Facebookは仕事のPRツール、ブログは自分の思いを、Instagramは自身の暮らしを見せる、というようにネットをうまく使い分けながらファンへメッセージを届けているかさいさん。買ってくれたお客様はメモなどをとっておき「絶対に覚える」努力をしているそうです。次に買ってくれたりイベントに来てくれたりしたときに「去年も買ってくれましたね」などと声をかけるように心がけています。「名前か顔かのどちらかは覚えるようにしています。自分が客だったら、覚えてもらっていたらうれしいから。ネットのお客様にも必ず手書きの一言を添えています。」お客様の立場に立ち、「自分だったらこうして欲しい」と考えることを実践しています。

作品の品質にはとことんこだわって、消しゴムはんこの価値を上げる

消しゴムはんこは、知られるようになってきたものの、まだまだその地位が決して高くないと感じているかさいさん。「手作り作家というよりは、伝統工芸の職人のような気持ちで取り組んでいます。」とクオリティにはこだわっています。

印面の美しさにもこだわる

明るく人当たりのいいかさいさん

消しゴムと彫刻刀さえあればすぐに誰でもできる手軽さゆえに、「自分にしか作れないもの」を作るために、「きれいに彫ること」「すぐに自分の作品だとわかる、誰にもまねできないデザイン」を常に意識しているそうです。

実は、オーダー商品用に作ったデザインをまねされて、許可なしに販売に利用される、という痛い経験があるそう。だから「自分が彫ったからこそ意味ある作品」によりこだわり、市場価値を高めるためにも販売価格を安易に下げないようにしているそうです。

講座、商品販売、イベント出展の3点でバランスをとる

人と接するのが好きなかさいさんは、消しゴムはんこの普及のために、平日の午前中はほとんど毎日マンツーマンの講座を自宅兼教室で開いています。生徒は30～40人。趣味が目的の人からプロになりたい人まで、さまざまな人が遠方からも通ってきています。マンツーマンが多いのは、生徒の彫り方をしっかりチェックし、技術を伸ばしてあげたい、という思いから。

孤独な作業である作品作り、人とふれあう講座とイベント。3種類の異なることをしながら、モチベーシ

私もやってみたい！と感じさせる手作りノート

ョンを保ち、生計を立てる工夫をしています。

販売はハンドメイドマーケットtetoteと、都内の雑貨店。子どもを持つ主婦に人気の名前のオーダーメイドはんこ以外に、思わず集めたくなる定番商品シリーズを意識して開発。リピートして買ってもらえるように工夫しています。

2015年tetote ハンドメイドアワード企業賞を受賞した作品と

「新しいはんこの使い方」を考え、はんこで電車ごっこ

「1個で買う方は少ないので、組み合わせて買える商品を考えています。」

夢は世界進出
口に出すのが夢をかなえるコツ

今はほぼプライベートなしの仕事どっぷり生活をしているというかさいさん。いつも頭の中は消しゴムはんこのことでいっぱいで、街を歩くときも常にデザインアイデアを探してしまうそうです。最近は、台湾、中国、タイのフォロワーも増えてきて、大好きなハワイでのワークショップの計画も決まりました。

「ずっと世界進出したい！」と言ってきた夢が、少しずつかなっています。「夢をかなえるコツはとにかく口に出すこと！そうすると不思議と誰かがつないでくれたりして、かなう機会が生まれます。」

かさい流イベント出展のコツ

Point 01

使い方がわかる展示に

石鹸などの雑貨に押したものなど、はんこだけでなく使い方がわかるものも展示しておく。

Point 02

じっくり見てもらう

お客さんが前に立ってもすぐには声をかけず、ゆっくり作品を見てもらう。

Point 03

体験スペースを設ける

イベント時には毎回手書きの「新聞」を用意。自分を知ってもらうと同時に、その新聞にはんこを押す体験で自分を覚えてもらう。

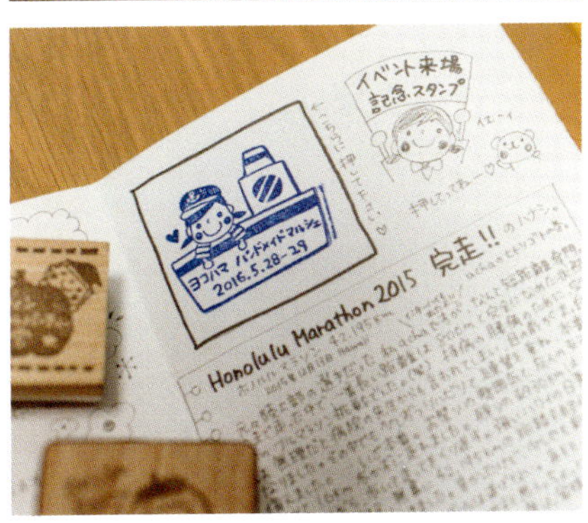

左上：教室スペースには、作品販売のコーナーもある　右上：安い雑貨もかわいく変身、と使い方も提案　左下：出展イベントごとに記念スタンプを作っているので、来場者は思わず押したくなってしまう　右下：手書きの新聞にはんこを押せるしかけ

陶芸作家

鈴木りょうこさん

DATA

屋号：鈴木りょうこ
URL：blog.goo.ne.jp/ryouko-tougei
販売経路：Creema、iichi、委託販売（ギャラリーカフェ Hanano-ya/川崎）

PROFILE: イタリア・トスカーナ州の街で陶芸を始め、イタリア人作家のもとで陶芸を学ぶ。その後、益子焼きの製陶所に勤務後、再びイタリアへ。帰国後、陶芸教室に勤務。現在自宅兼工房を準備中。

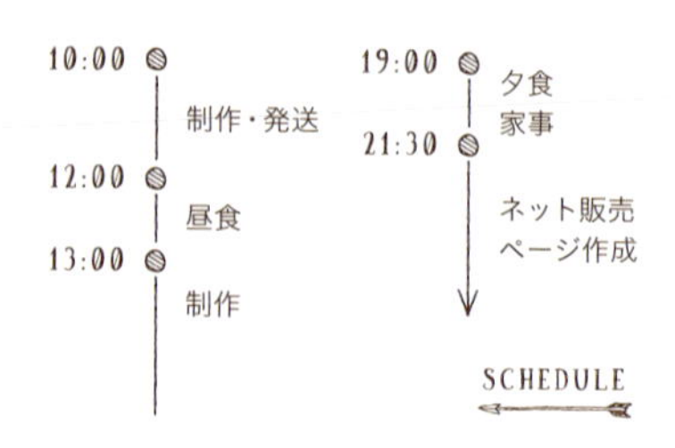

イタリアで暮らし生き方を考える

もともと美術が好きだった鈴木さん。陶芸作家への道を歩むきっかけとなったのは、数年間の会社員生活後にイタリアのフィレンツェに語学留学をしたことでした。工房が点在するフィレンツェで暮らし、手仕事の世界に身近にふれているうちに、趣味でやっていた陶芸への思いがつのり、 イタリア人の作家に約2年半ついて修行をしました。

自分が求めているものを妥協せずに追究

次第に自分のやりたい器は日本のものだと感じ、帰国を決意。帰国後は、益子焼の製陶所で働きながら技術を身につけました。イタリアでも日本でも、陶芸を学ぶにあたって、自分のやりたいものにこだわり、それをしっかり学べる場所が見つかるまで妥協せずに探してきました。「イタリアでは好きなスタイルの作家を見つけて、無理やりおしかけて勉強させてもらいました。日本では、仕事として働きながら学べる場所が見つかるまで何か所もあたり、探し続けました。」 鈴木さんは今自分が何を求めているのか心の声に耳をすまし、イタリア、日本、イタリア、とその心の声に従って躊躇なく動きます。そして、自分が探し求めるものに出会える場所に受け入れてもらうためには、一度や二度断られても気にせず、OKをもらうまでアプローチを続ける強さを持ちます。

優しい色と形のブローチも人気商品

天然の原材料を使い、手に持ったときの感触も大切にしている

人生の価値観を大きく変えて幸せに暮らす

器は「日本のもの」を作りたいと感じた鈴木さんですが、生き方はイタリアから大きな影響を受けています。「イタリア人の生き方を間近で見て、『お金に頼らない豊かさ』『ゆったり生きる』ライフスタイルを学びました」と話します。

作家生活で大変なのは、収入が安定しないこと。販売には波があるので、鈴木さんも月の半分はアルバイトをしながら、展示会、ネットショップ、手作り市、実店舗での販売、陶芸教室での講師、と収入源を分散させています。「会社員時代はストレス発散にお金が必要でした。でも好きなことをやっている今は、ストレス発散のためにお金を使う必要が全くなく、楽しく生きています。お金に対する考え方が変わらなければ大

目を輝かせて陶芸の話をする鈴木さん

変、と感じていたかもしれませんが、今は全く苦にしていません。お金は、使いたいことを絞って使い、ほかのことでは出費を抑えるようにしています。」

死ぬまで続けたい
好きなことを見つける

趣味だった陶芸が仕事に変わるきっかけとなったのは、手作り市で自分の作品がお金に変わるのを実感したとき、という鈴木さん。つらかったのは、イタリアで「自分は本当に何をやりたいか模索していた時期だけ」と話し、やりたいことが見つかって以来、「やめようと思ったことは一度もない」ときっぱり断言します。

自分の心の声に耳を傾けてやりたいことを追及してきましたが、現在、川越の近くに工房兼教室となる自宅を建設中。半年後のオープンを目指しています。オープン後は、陶芸一本でやっていこうと考え、大きな転換点を迎えています。「この15年の経験で、『これで生きていく』という自信がつきました。とにかくやらないと始まらないので」と、鈴木さんに気負いは感じられず、あくまで自然体です。

鈴木りょうこさんの3つの工夫

Point 01 自分の「好き」を大切にする

Point 02 ネット販売・店舗販売・イベント・講師と分散させて活動

Point 03 自分が探し求めるものを妥協なく追及

中国や台湾での展開も視野に

「海外で通用するかやってみたい。特に同じ『器を手に持つ文化』であるアジアに興味を持っています。」と話す鈴木さん。最近は手作り市に中国、台湾のお客さんも増えているそう。pinkoiなどアジアで販売できるサイトもでき始めているので、今後はアジアへの販売に挑戦していきたいと思っています。

陶芸教室も力を入れて続けていきたい、と話す鈴木さん。知的障がい者施設や、老人ホームでの出張陶芸など、人とつながる仕事も視野に入れています。

上：作品は「自然に任せ手が進むままに作る」そう
下：2度にわたって滞在したイタリアではさまざまな経験を積んだ

CASE
007

「親子で楽しめる、おままごとキッチンを！」
平日はフルタイムで働く２児のママ、
minne ハンドメイド大賞で特別賞を受賞。

木工作品作家

KaP さん

DATA

屋号：KaP
URL：minne.com/kappax4hyyh/
販売経路：minne

PROFILE: 作業療法士として病院にフルタイム勤務。仕事や育児、家事の合間や休日などを利用して木工作品の製作に励んでいる。手掛けたおままごとキッチンが2016年minne特別賞を受賞。2児の母。

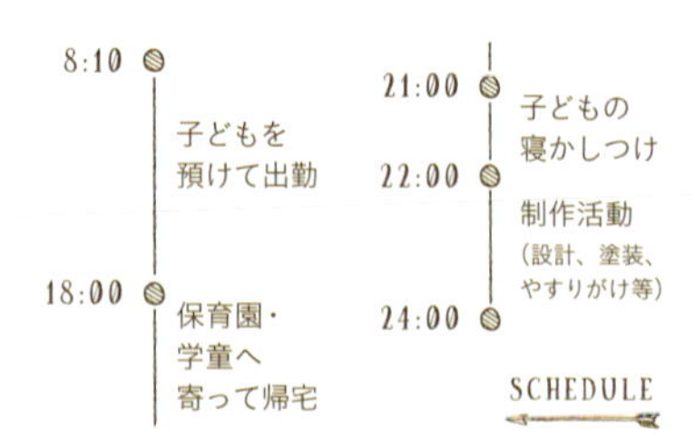

※電動工具での作業は土日にまとめて作業

仕事と育児の気分転換として始めた木工製作に夢中に

平日は病院で作業療法士としてフルタイムで働き、2児の母でもあるKaPさん。子どもの頃から物作りが大好きだったそうです。

「イメージを図面に起こして、それに近い物ができたときの達成感がとても幸せで。でも仕事にするのは難しいと思っていたので、趣味として楽しんでいました。」

仕事や育児の気分転換に始めた

木工製作で、KaPさんはすっかり木の魅力にハマってしまいます。 手掛けたおままごとキッチンが知人の目にとまったことがきっかけで、minneに出展することに。2年後には、minne大賞で特別賞を受賞するまでになりました。

minneがあるから続けていける

「ネット販売は相手が見えない分、誠意を持って具体的にお伝えするようにしています。例えば、お客様から色のリクエストをされたら、その色に近いと思う色を配合し、さらに配分の微妙に違う4種類くらいの見本を写真でお伝えしたり、自分の主観であることを先に伝えた上で、お客様の家のインテリアの全体的なテイストを聞いてアドバイスをすることもあります。」

仕事や育児が忙しい時期は製作時間が確保できず、なかなか安定した収入にはつながらないそう。でも、KaPさんはminneを通して自分の趣味を継続させてもらっているという意味で、今の状態にとても満足しているそうです。「仕事や家事で疲れている時でも、無心に木工製作に取り組んでいると、不思議とリフレッシュできるんですよね。木工作家を目指すなんて夢のまた夢だと思っていましたけど、こうして多くの人に喜んで使っていただけて幸せです。」

Kapさんの3つの工夫

Point 01
子どもだけでなく、
大人も楽しめる物作りを

Point 02
ネット販売では、相手が見えないという
お客様の不安をくみ取る

Point 03
誠意を持って、
わかりやすく具体的に伝える

CASE
008

「自分が欲しい」を商品化。
WEBデザイナーとして働きながら
ポーチ専門ネットショップを立ち上げ。

ポーチ専門店

tumma tukka 小倉智里さん

DATA

屋号： tumma tukka
（ツンマ・タッカ）

URL： tumma-tukka.com

販売経路： minne、BASE

PROFILE: WEBマーケティング会社でデザイナーの仕事をしながら、ヴィンテージの布や海外製の布で作るポーチの専門ネットショップを運営。ブランドロゴも自ら手掛ける。tumma tukka（ツンマ・タッカ）とは、フィンランド語で「黒い髪」のこと。

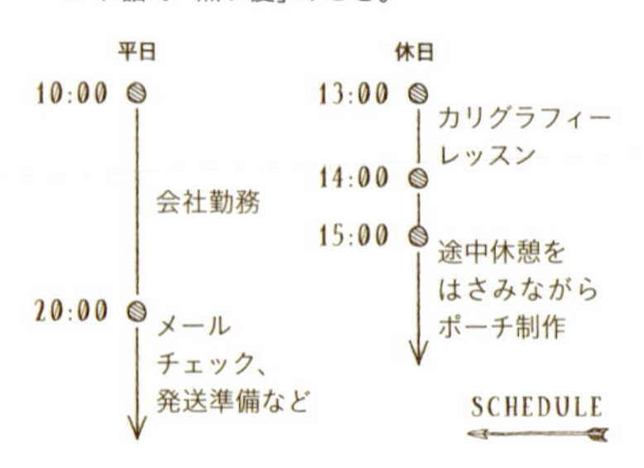

本業の知識を活かし 商品を絞った専門店をスタート

WEB業界で仕事をしている小倉さん。アーティストのオリジナルTシャツをネット販売した経験を通じて、いつか自分でもネットショップをやってみたいと考えるようになりました。実際に始めるきっかけになったのは、自分が欲しいと思うペンケースがなかったこと。洋裁好きのお母さんに育てられ自らも洋裁好きだったことから、作り方をネットで

使う立場に立って、中まで丁寧に仕上げている

検索して、自分が欲しいものを作ってみました。

商品をポーチに絞ったのは、「ポーチ専門店」がほとんどなく、「ポーチ専門店」で検索すると上位に表示されるから。自分が欲しいと思う、ヴィンテージの布や海外のテイストの布で作ることにこだわりながらも、本業の経験と知識を活かし、ネットショップでどのように優位に立てるかを考えています。現在は、ブランディングをもっとしっかりしたい、とロゴをリニューアルし、ブランドイメージを高めることを計画中です。

活動開始から3年目 新たな挑戦も視野に

ファンシーになりすぎず、モダンなテイストの小倉さんのポーチは男性客にも好評。小倉さんは使う人の立場に立って、縫い目や縫い終わりの処理も丁寧に、ひとつひとつ作りあげています。ネットショップを立ち上げた2013年当初は、手作り作家も今ほど多くなく、売れ行きは好調でしたが、ライバルの参入も多く3

tumma tukka さんの3つの工夫

Point 01
日本初(？)の
「ポーチ専門店」で差別化

Point 02
写真、カリグラフィーなどを学び、
本業と両方で役立てる

Point 03
ロゴやサイトデザインにこだわり
ブランディング

洋裁好きのお母さんの影響で、縫い物が好きという小倉さん

年たった今は少し停滞の時期。どの作家さんも経験する「ちょっと振り返る時期」なのかもしれません。小倉さん自身も、写真教室に通ったりと本業にも作家業にもプラスとなると思われることを学び、このひと山を越えようと努力しています。

「将来はお店に商品を卸すことや、ファブリックのデザインにも挑戦してみたい。本業を続けながら、ゆっくり成長していきたい。ネットショップはリスクも少なく、気軽にできるので、やってみたい人はぜひ挑戦して。」と小倉さんは話します。

本業の知識を活かして
BASEでショップを運営

100 THEORIES

本気で売るために
実践すること

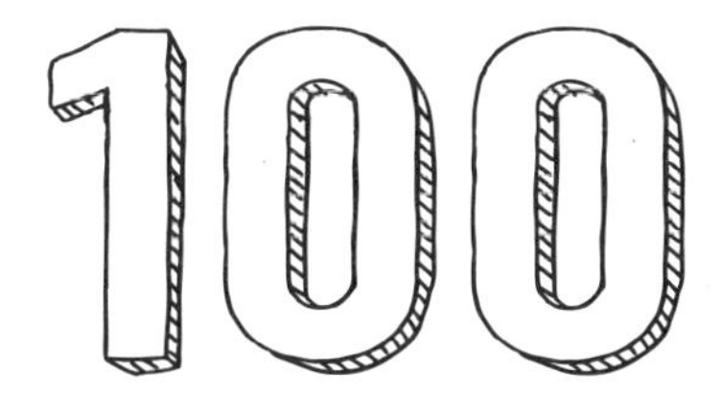

CONTENTS

INTERVIEW
インタビュー

100 THEORIES
本気で売るために実践すること100

本書に関するご質問や正誤表については下記のWebサイトをご参照ください。
刊行物Q&A　http://www.shoeisha.co.jp/book/qa/
正誤表　http://www.shoeisha.co.jp/book/errata/

インターネットをご利用でない場合は、FAXまたは郵便にて、下記までお問い合わせください。
〒160-0006　東京都新宿区舟町5
FAX番号　03-5362-3818
宛先（株）翔泳社 愛読者サービスセンター
電話でのご質問は、お受けしておりません。

実践チェックシート100

THEORY			✔ CHECK!
001	売るために良いと思うことは、すべて実践する。 [行動計画]	P50	
002	夢ノートに未来の自分の姿を書き出す。 [事業計画]	P52	
003	夢を目標・計画に落とし込む。 [事業計画]	P54	
004	夢に締め切りをつける。 [事業計画]	P58	
005	夢をみんなに宣言する。 [事業計画]	P60	
006	自分の商品を客観的に見てみる。 [自己分析]	P62	
007	商品コンセプトは影響を受けたものを基に考える。 [自己分析]	P64	
008	5W2Hを理解する。 [販売計画]	P66	
009	商品を届けたい相手の人物像を考える。 [販売計画]	P68	
010	商品開発はとことんターゲットを狭める。 [販売計画]	P71	
011	ターゲットが定まらないときは思いつくだけ書き出してから分類する。 [販売計画]	P72	
012	屋号とキャッチコピーをセットで考える。 [販売計画]	P75	
013	ハンドメイドマーケットの特徴をおさらいする。 [基礎知識]	P78	
014	minneの特徴をおさらいする。 [基礎知識]	P80	
015	その他のマーケットの特徴を知る。 [基礎知識]	P82	
016	売買の流れを理解する。 [基礎知識]	P86	
017	無料開設できるネットショップについて理解する。 [基礎知識]	P88	
018	税金について理解しておく。 [基礎知識]	P90	
019	開業届を出して「個人事業主」になる。 [基礎知識]	P92	
020	売れている作家・作品を良く観察する。 [市場調査]	P94	

◎実践した項目にはチェックを入れましょう

THEORY			✔ CHECK!
021	人気作家のページをプリントアウトして赤字を入れる。 [市場調査]	P96	
022	観察結果から「売れている理由」を探る。 [市場調査]	P98	
023	自己紹介は3つのポイントを押さえる。 [自己紹介]	P100	
024	伝えたいことを全部書き出してから短くまとめる。 [自己紹介]	P102	
025	自己紹介ページには「作品を裏付ける内容」を書く。 [ページ作成]	P104	
026	名刺代わりのホームページを作る。 [ページ作成]	P106	
027	ファン獲得のために、作品ギャラリーで世界観を伝える。 [ページ作成]	P108	
028	パソコンが苦手な人は、サイト作成サービスを利用する。 [ページ作成]	P110	
029	写真は補正や加工を加える。 [ページ作成]	P112	
030	名刺や印刷物にはURLやSNSのIDを記載する。 [集客]	P113	
031	商品名に求められることを理解する。 [集客]	P114	
032	商品内容を5W1Hで考えて商品名を決める。 [集客]	P115	
033	検索ワードやハッシュタグについて考える。 [集客]	P117	
034	検索ヒット数や関連検索でキーワードを探す。 [集客]	P118	
035	商品説明は特徴を整理してストーリーを作る。 [商品紹介]	P120	
036	情報不足は販売機会の損失と心得る。 [商品紹介]	P122	
037	ギフト対応は必ず行う。 [商品開発]	P123	
038	有料ラッピングも選択肢のひとつ。 [商品開発]	P124	
039	ラッピング状態の写真を掲載する。 [商品開発]	P125	
040	ネームタグ、送り状などの同梱物を見直す。 [商品開発]	P126	

THEORY			✔ CHECK!
041	オーダーメイド商品を検討する。［商品開発］	P128	
042	再販と新作、それぞれの定義を決める。［商品開発］	P130	
043	トレンド（流行）は定番商品ができてから取り入れる。［商品開発］	P132	
044	納期は「確実な日数＋数日」で設定する。［納品］	P134	
045	ピックアップ商品に選ばれるために、写真にこだわる。［写真］	P136	
046	先行投資するなら、一眼レフカメラと単焦点レンズを買う。［写真］	P138	
047	「三分割法」「日の丸構図」「水平・垂直」をマスターする。［写真］	P140	
048	自然光で撮るなら晴れた日の午前中を選ぶ。［写真］	P142	
049	ライティングは色味が変わらないよう選ぶ。［写真］	P143	
050	サブの写真は、何を説明するための写真なのかはっきりさせる。［写真］	P144	
051	背景や小物のスタイリングで世界観を伝える。［写真］	P146	
052	「商品を買うと手に入るすてきな暮らし」を見せる。［写真］	P148	
053	色調・明るさ・トリミング・ロゴで仕上げる［写真］	P150	
054	ステップアップしたいなら、思い切って写真はプロに頼む。［写真］	P151	
055	商品の「適正価格」は3つの基準から考える。［価格設定］	P152	
056	「松竹梅理論」一番売りたい物は「竹」にする。［価格設定］	P154	
057	「松」の価値をしっかり作る。［価格設定］	P155	
058	売り上げを増やすには「合理的に薄利多売」より「高価格化」。［価格設定］	P156	
059	自分を卑下して安価に設定するのをやめる。［価格設定］	P157	
060	価格にあった売り場を選ぶ。［価格設定］	P158	

◎実践した項目にはチェックを入れましょう

THEORY			✔ CHECK!
061	先に値段を決め、それにふさわしい作品を作ってみる。 [価格設定]	P159	
062	プロとして「原価」を意識する。 [コスト管理]	P160	
063	より良い材料仕入れ先を探して原材料費を下げる。 [コスト管理]	P162	
064	「自分の人件費」をないがしろにしない。 [コスト管理]	P163	
065	確定申告のためにお金を管理する。 [経理]	P164	
066	経費を意識する。 [経理]	P166	
067	ブログやSNSは、目的がないなら使わない。 [SNS活用]	P168	
068	SNSごとの特徴を理解する。 [SNS活用]	P170	
069	運用ルールを決めて、アカウントの色をはっきりさせる。 [SNS活用]	P172	
070	Instagramでフォロワー1000人を目標にする。 [SNS活用]	P174	
071	Twitterが持つ発信力・動員力を知る。 [SNS活用]	P175	
072	SNSでは相手にとって有益な情報を発信する。 [SNS活用]	P176	
073	ハッシュタグ(#)を使って自分を知ってもらう。 [SNS活用]	P178	
074	Twitterは「固定されたツイート」を必ず使う。 [SNS活用]	P180	
075	SNSを使ったプレゼント企画を行う。 [SNS活用]	P181	
076	ブログは発信する情報をしっかりコントロールする。 [SNS活用]	P182	
077	誰でも見ることができる「Facebookページ」を使う。 [SNS活用]	P183	
078	YouTubeで動画プロモーションを行う。 [SNS活用]	P184	
079	LINE@でファンと親密な関係を作る。 [SNS活用]	P186	
080	お客様を大切にして、リピーター率100%を目指す。 [顧客対応]	P187	

THEORY			✓ CHECK!
081	常連客は良い意味で依怙贔屓する。［顧客対応］	P189	
082	簡単でも良いので顧客リストを作る。［顧客対応］	P190	
083	メールと商品発送時に感謝を伝える。［顧客対応］	P191	
084	メールマガジンでお店を思い出してもらう。［顧客対応］	P192	
085	送料設定で顧客サービスする。［顧客対応］	P193	
086	評価とコメントは成長のための材料にする。［顧客対応］	P195	
087	トラブル対応は迅速丁寧に。［顧客対応］	P197	
088	「売れるスパイラル」を作る。［ブランディング］	P200	
089	お客様が購入する理由を作れているか、振り返る。［ブランディング］	P202	
090	「作家」としてスキルアップのため努力する。［キャリアアップ］	P203	
091	作家活動を続けることで価値を高める。［キャリアアップ］	P204	
092	イベント参加や仲間作りでモチベーションを上げる。［キャリアアップ］	P205	
093	コンテストは傾向と対策を考えて本気で参加する。［キャリアアップ］	P206	
094	手に取ってもらう機会を作り批評を受ける。［キャリアアップ］	P208	
095	実店舗で扱ってもらい作品価値を高める。［キャリアアップ］	P210	
096	即売会でバイヤーをつかまえる［キャリアアップ］	P211	
097	コラボレーションで作品の幅を広げる［キャリアアップ］	P213	
098	人に教えることで技術に磨きをかける［キャリアアップ］	P214	
099	海外進出に挑戦する。［キャリアアップ］	P215	
100	定期的に夢を見直す。［モチベーションアップ］	P217	

◎実践した項目にはチェックを入れましょう

PART 1

THEORY
001~019

……

計画＆準備編

行動計画

売るために良いと思うことは すべて実践する。

売れっ子までの道のりに近道はありません。計画を
実践できる行動力と、ひとつずつ積み重ねていく気持ちが大切です。

作品を売るために「やるべきこと」をやる

ネットショップでもハンドメイドマーケットでも、単に作品を掲載するだけではなかなか購入してもらえません。自分が買い物をするときは、複数の作品を比べてどれを購入するか検討するはずです。比べられるのは作品のクオリティだけではなく、デザイン、価格、掲載写真や説明、作者のプロフィールなど、商品価値を総合的に判断されます。ですから、商品を買ってもらうためにやるべきことは、たくさんあります。それを「やるか？やらないか？」が大きな分かれ道になります。

何かしないと何も変わらない

ネットで販売を始めてみると、「作品を見てもらえないなあ、なかなか売れないな」と感じるかもしれません。非常に多くのハンドメイド作品が販売されている中で、あなたの作品を見つけてもらい購入してもらうことは、決して簡単なことではありません。しかし、待っていても状況は変わりません。何かしなくては何も変わらないのです。嘆く時間があるなら、「何ができるのか？何をすべきか？」を考え実行すべきです。中には持ち前のセンスでいきなり売れる人もいます。でも結果を出し続けている人は、見えないところで地道な行動を必ず続けています。

コップから水があふれるように

作品が売れる過程は、コップに水を少しずつ注いであふれる過程に似ています。コップに入っている水が「売れる理由」。水の内容は、作品のクオリティであったり、写真や商品説明、配送、ラッピング、作者プロフィールだったりと、いくつもあります。水が溜まってコップからあふれるときに、作品が売れていきます。

50％の水でも90％の水でも、コップから水があふれない＝作品が売れないという状況自体に変わりありません。ですから水があふれるように、ひとつひとつ売るための要素を積み重ねることが大切です。「良いと思ったことはすべてやってみる」が基本。やったことに意味があるのかどうかすぐには実感できないこともあると思います。でも大切なのはとにかく実践するという気持ちと行動です。それがコップから水をあふれさせる唯一の方法だといえます。

事業計画

夢ノートに未来の自分の姿を書き出す。

あなたがハンドメイドを通じて、夢見ていることは何ですか？
まずは制約なく自由に書き出してみましょう。

あなたの夢はどんなもの？

自分がどんな願望を持っているのか考えてみましょう。ハンドメイドを通して、どんな暮らしを思い描いていますか？「自分のブランドを作って世界中に広めたい」「自分のアトリエを持ちたい」といった壮大なものから、「好きな手作りで月に5万円お小遣いを稼ぎたい」といった堅実なものまでいろいろな思いがあるでしょう。誰かに遠慮する必要はありません。自分が思い描くワクワクする気持ちを思い出してみましょう。

願望を目に見える形にする

夢を明確にするために、「ハンドメイド夢ノート」を作ってみましょう。見える形にすることが、あなたの夢の実現の手助けとなります。さあ、どんな夢を描きますか？夢を思い描くことは、あなたの深層心理を探ることにもなります。どのくらい収入が欲しいのか、お金よりも大事にしたいこと、作家として譲れないことは何か。どんな暮らしをしたいのか。自分が納得できるバランスを意識して考えてみると良いでしょう。そのため、作家活動として実現したいこと、お金のこと、ライフスタイルについて、この3つの柱ごとに夢を書き出してみることをお勧めします。

WORK

ハンドメイド夢ノート

ハンドメイド 制作について	収入について	暮らしについて
例： 百貨店に作品を卸す 作品をためて1年後に個展を開催する	例： 月○○円の売り上げを立てる 勤めを辞められるくらい稼ぐ 制作用機材の購入資金を貯める	例： 専業作家になる 自分だけのアトリエを持つ パートを辞めて制作時間を増やす

夢を目標・計画に落とし込む。

夢ノートを書いたことで、あなたの願望は明確になってきたはず。
次は、夢を具体化してみましょう。

夢をより細かな項目に

夢の具体化とは、**夢を具体的な目標に落とし込み、その目標を達成するための計画を立てる**ということです。そうすることで夢への道筋がはっきりと見えてきます。ここで一度整理してみましょう。

夢 ＝［ 願望 ］

目標 ＝［ 願望をかなえるために指標となる数値や形 ］

計画 ＝［ 目標を達成するために必要な行動 ］

例えば、神様に「ハンドメイドで人気作家になれますように」と祈ったとします。でも神様は「何をもって人気作家というのか？」と悩むかもしれません。同じお願いでも「人気作家としてネットで紹介されて、毎月50個の作品が売れますように。30万円の売り上げがあり、子どもの面倒を見ながら在宅で仕事ができるようになりたいです」とすれば、神様も内容を把握できるのでかなえやすくなります。それが具体化ということです。

夢の実現は計画次第

夢の実現は「計画」にかかっているといっても過言ではありません。できるだけ綿密に、実現可能なものに組み立ててください。その計画をひとつひとつ実行していくことができれば、目標は達成に向かい、夢の実現は近づいてきます。間違っていたら、途中で計画を見直します。

気を付けることは、極端なことをいきなり計画しないということです。一気に睡眠時間を減らすとか、目標達成のために仕事を変えて環境を作るとか、頭の中でばかり考えすぎて現実離れしてしまうと、冷静に計画できずに良い結果が得られません。現状の生活の中でできる計画を立てて、確実に実行していくことが大切です。

TO DOリストを作る

計画を立てたら、さらに「やらなければならないことをすべて」リストアップしましょう。例えば、「人気作家としてインターネットで紹介されて、毎月50個の作品が売れる。30万円の売り上げがあり、子どもの面倒を見ながら在宅で仕事ができるようになりたい」という例の場合、

目標1 **人気作家となりインターネットで紹介される**

目標2 **毎月50個の作品が売れる**

目標3 **30万円の売り上げを得る**

目標4 **子どもの面倒を見ながら在宅で仕事ができる**

という4つの目標ができます。それぞれに対して実現するための計画を立てます。さらにその計画を支える「しなければならないこと」を考えられるだけTO DOリストとして書き出します。本書では、あなたの目標を実現するための「計画＝やるべきこと、やれること」をひとつひとつ紹介していきます。本書を活用して、あなたの目標に合った計画を組み立てましょう。

WORK

目標ごとに計画とTO DOを書き出す。

目標	計画	TO DO
例： 作品のファンを増やす＝Instagramでフォロワー1万人	例： 計画1　毎週1回は必ず投稿する 計画2　作品の世界観が伝わるよう写真を工夫する 計画3　ハッシュタグを工夫する 計画4　Instagramアカウントの存在をWEBで広める	例： □ 写真撮影用に三脚を入手 □ 掲載用に毎月新作を考える □ 着用写真のために友だちの子どもにモデルをたのむ □類似商品のハッシュタグをチェックする…etc.

目標	計画	TO DO

夢に締め切りをつける。

夢を実現するにはタイムリミットが必要です。
あっという間に過ぎる日々、締め切りは本気度とやる気度の
バロメータになります。

夢へのタイムリミットを設ける

TO DO リストができたら、次は時間軸を考えます。TO DO リストの内容をもう一度整理して「何を、いつまでに、どのようにやる」というスケジュールを作ってください。「いつかかなえたい夢」は、いつまでたってもかなえられません。それは、「いつか」がいつなのかわからないので、「いつでも良い」と行動しなくなるからです。それを避けるために必要なのが時間軸です。いつ（何年の何月何日）までに夢をかなえるのか。タイムリミットを設けて、その期日に間に合うように、TO DO リストの内容を行動に移しましょう。

自分を管理するもうひとりの自分を作る

タイムリミットを守るためには、「毎日必ず1時間作業する」とか「1週間でここまで進ませる」といった行動管理が必要となります。

管理というと少し固いイメージですが、自分をチェックするもうひとりの自分を作るような感じです。人は怠けたがるのが普通。一流のスポーツ選手であれば、コーチやトレーナーがついてスケジュール管理してくれるかもしれませんが、ハンドメイド作家は基本的にひとり。だからこそ、自分に厳しくしなければ夢はかないません。

明日延ばしは夢延ばし

夢をかなえるコツは、**明日延ばしにしない**ことです。今日やることは今日やる人間にならなければ、夢は遠のいていくばかりです。「今週は忙しいから来週から始めよう」とか、「切りよく来月から始めよう」とかいう人は、来週になっても来月になっても始められません。**自分に言い訳しない**ことを覚えましょう。

WORK

夢へのスケジュールを組み立てる。

あなたの夢

あなたの夢を達成する時期 年（　　歳） 例. 2021年（30歳）

年 **5年後の私の姿（　　歳）**	**そのためにするべきこと** ➡
年 **4年後の私の姿（　　歳）**	**そのためにするべきこと** ➡
年 **3年後の私の姿（　　歳）**	**そのためにするべきこと** ➡
年 **2年後の私の姿（　　歳）**	**そのためにするべきこと** ➡
年 **1年後の私の姿（　　歳）**	**そのためにするべきこと** ➡

✔ CHECK!　**現在今すぐ着手できることは？**

- ■
- ■
- ■

夢をみんなに宣言する。

夢を実現するための手段として「夢の宣言」があります。
宣言することで「やらなければならない状況」を作り、
前に向かう思考を身につけます。

堂々と自分の夢を語る

どれだけ自分に厳しくと思っても、人間いつしか自分に甘くなっていきます。そこで、自分以外の人に夢を宣言して、やらなければならない状況に自分を置くことも、夢をかなえるためには有効な手段です。また夢を話すと、賛同してくる人、否定する人の両方が出てきます。賛同してくれる人には、その気持ちに応えるためにもがんばるべきです。否定する人には、見返す気持ちでがんばれば良いのです。

紙に書く、声に出す、証拠に残す

夢の宣言は、人に話すだけではありません。紙に書いて貼る、声に出して読む、ブログやSNSなどに書くことも大事です。まずは紙に書いて目立つところに貼っておきましょう。そして、目についたときに読むようにしましょう。自分に問いかけるという感じです。SNSなどで宣言するとプレッシャーもありますが、そのプレッシャーをやる気に変えましょう。
「私はアクセサリー作家として活動して、5年後には百貨店に作品を卸すようになります」「フェルト動物マスコットを作り続け、3年以内に書籍の出版をします」そんな風に、胸を張って夢を宣言してみてください。

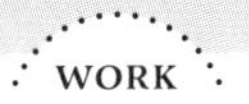

夢の宣言

夢の宣言項目

✔ CHECK!

- 夢を書き出した
- 夢を目につくところに貼った
- 夢を声に出す時間を決めた
- 身内以外の外に向かって宣言した
- ネット上で宣言した

自分の商品を客観的に見てみる。

夢が明確になり、スケジュールもできました。
次は、夢を実現させるために何より大事な、
あなたのハンドメイドアイテムについて考えてみましょう。

自分以外の誰かに評価してもらう

手作りで夢をかなえるために一番大事なあなたの作品。まずはその価値を客観的に見極める必要があります。作り手は自分の作品への思い入れをゼロにすることができないので、自分以外の誰かに評価してもらうことが必要です。そのときに、自分の作品であることを伏せて評価してもらうことができればベストです。作品販売を委託されている等の理由をつけて、評価してもらってください。評価する人は、自分と無関係の人が作ったものであれば、純粋に作品の価値を評価をするはずです。良い点、悪い点、価格価値（いくらだったら購入するか）等を把握してください。

客観的評価があなたの現在位置

作品は、褒められることもあれば貶されることもあります。きついことを言われるかもしれません。でもめげずに作品は数点見てもらいましょう。見てもらう人もひとりではなく、5、6人くらいに評価してもらえると、客観的評価がまとまります。そして、その客観的評価が現在のあなたの位置となります。たとえ評価が悪くても落ち込む必要はありません。目的は褒められることではなく現在位置を知ること。意見は鵜呑みにせず、あなたの中で譲れない要素（個性）を残して、作品をレベルアップすれば良いのです。

人気作品を研究しよう

人気作家の作品と自分の作品を比べてみることも必要です。デザイン、コンセプト、色、クオリティ、素材など、どのような違いがあるかを見つけてみましょう。具体的な方法はPART 2でも紹介します。

今売れている商品は、お客様のニーズ（需要）がある商品です。どんな傾向があるのか？そのニーズを知り自分の作品に活かすことも必要です。

人気作品の傾向と客観的評価に、あなたの譲れない要素を加えて、作品の進むべきところを決めてください。方向性が決まったら、スキルアップのために何をすべきかを考え、より良い作品＝購入してもらえるハンドメイド作品が制作できるよう行動しましょう。

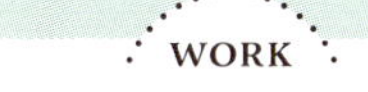

あなたの作品チェック

あなたの作品の客観的評価

人気作家との違い

ゆずれないこだわり

スキルアップのためにすべきこと

自己分析

商品コンセプトは
影響を受けたものを基に考える。

あなたの作品のコンセプトは何でしょうか？
作品を通じてお客様に伝えたいメッセージを考えてみましょう。

コンセプトを意識しよう

皆さんの作品にはコンセプトがありますか？コンセプトというと、少し難しい感じがするかもしれませんが、簡単に言うとあなたの作品に対する想いです。その想いが強ければ強いほど、それは作品を通してお客様に届きます。「どんな考えで、どんな想いで作っているのか」に共感してくれるお客様が、あなたのファンとなります。ターゲットを絞っていく意味でもコンセプトは必要なのです。

何に影響を受けたのか考える

コンセプトを考える上で、あなたが影響を受けた作家や作品を考えてみましょう。それはハンドメイドでなくても構いません。その感動があなたの作品にも影響しているかもしれません。その感動をあなたも表現したいのだとしたら、それがコンセプトになるのかもしれません。もしかしたら、今まで直感的に作ってきた作品にも、その感動が反映している可能性があるかもしません。どうしてこの作風が好きなのか？どうしてこのような作品ばかりを作るのか？一度、紐解いてみると、コンセプトのヒントになる何かが見つかるかもしません。そしてそこで気付いた想いを、20文字程度のキャッチコピーにしてみましょう。コピーについてはP75も参照してください。

コンセプトノート

影響を受けたと思うこと、好きだったもの

例：竹久夢二、大正モダン、祖母が作っていた巾着袋

どんな影響を受けたか

例：着物の柄やレトロモダンの世界観を好むようになった。古い文様の繊細さ

譲れないもの、伝えたいメッセージ

例：古い着物のはぎれを使って、祖母の巾着みたいな、懐かしくてかわいい小物を生み出したい。
暮らしの中にレトロモダンのかわいさを提供したい。着物の和柄選びにはこだわりたい。

メッセージをキャッチコピーにする

例：暮らしの中に、どこかなつかしい和小物を

販売計画

5W2Hを理解する。

作品を客観的に判断できるようになったら、
その商品をどうやって売るか？を考えていきます。
そのときに役に立つのが5W2H。販売計画の基本です。

《 販売するために必要な5W2H 》

5W	What	=	なにを売るのか？
	Who	=	誰に売るのか？
	When	=	いつ売るのか？
	Where	=	どこで売るのか？
	Why	=	どうして売るのか？
2H	How	=	どのように売るのか？
	How much	=	いくらで売るのか？資金は？

What：なにを売るのか？

Whatは、販売する商品です。ハンドメイド作品が商品となります。前ページでは作品の方向性を考えました。その方向に沿ってお客様に購入してもらえるクオリティの作品にすることが必要です。

Who：誰に売るのか？

Whoは、ターゲットユーザーです。誰に売りたいのか、誰向けの商品なのかを考えます。ターゲットを狭めて特化した専門店の方が、商品への説得力が増します。詳細は、次ページからお話していきます。

When：いつ売るのか？

Whenは、その商品をリリースする時期。発売開始日から逆算して計画し、TO DO リストを作ることが必要です。

Where：どこで売るのか？

Whereは、売る場所です。ハンドメイドマーケット、ネットショップ、モール、オークション、イベント出展、委託販売等、販売する場所を決めます。P78から代表的なネットでの販売経路について解説しています。

Why：どうして売るのか？

Whyは、ハンドメイド作品を販売する理由です。なぜ始めるのか？目的は何か？具体化してきた夢がその理由となります。

How：どのように売るのか？

Howは、販売方法。売るための施策を考えましょう。具体的な方法はPART 2以降で紹介していきます。

How much：いくらで売るのか？資金は？

How muchは、商品の価格設定と、材料費などの必要資金です。具体的な方法は、PART 3で紹介していきます。

販売計画

商品を届けたい相手の人物像を考える。

誰に向けて何を売るのかを明確にしないと、
イメージは湧いてきません。コンセプトはあなたの想いですが、
その想いを届ける人を考えてみましょう。

どんな人が作品を使用するかを考える

あなたの作品を誰に使ってもらいたいですか？あなたが作品を作っているとき、誰がどんな場面で使うことを想像していますか？その対象者がターゲットとなります。

ターゲットがしっかりしていると、お客様も「それは私のことだ」と興味を持ちやすくなります。また、ターゲットはより狭い方が、お客様に伝わりやすくなります。何でも屋よりも専門店の方が、魅力的で説得力があるのと同じです。

架空の作品ユーザーをひとり想定してみる

ターゲットからさらに具体的に、あなたの作品を実際に使ってくれるユーザーをリアルに想像してみましょう。名前、年齢、性別はもちろん、何時に起きて、どんな暮らしをしていて、休みの日は何をしているか、どんなお店に行くのか、趣味は？悩みは？ととことん細かに具体化します。そしてその人がどんなシーンで、何のためにあなたの作品を手にするのかを考えるのです。この人が主役の物語を考えるつもりでイメージすると良いでしょう。これはWEBデザインなどの現場で使われる手法で、架空の人物像を「ペルソナ」と呼びます。この人物が喜んでくれるような作品を生み出しましょう。

WORK

あなたの作品を使うのはどんな人？
SAMPLE

生活スタイル

- 6歳の子どもを育てる専業主婦
- 友人の雑貨屋で
  たまにアルバイトしている
- 持ち物を減らして質の良い物だけ
  長く使いたいと思っている

好きなもの

- **好きな雑誌**　ナチュリラ
- **好きなブランド**
  無印良品、Heavenly
- **よく見るサイト**
  MERY、北欧暮らしの雑貨店

基本データ

名　前：中野 美穂
性　別：女性
年　齢：33歳
職　業：専業主婦
家族構成：夫と息子（6歳）＆猫と暮らす
趣　味：散歩、部屋の模様替え
居住地：西荻窪
年　収：夫は600万円、自分は
たまのバイトでお小遣い

生活の中で困っていることや願望

- 30歳を過ぎて今までの
  ファッションでいいのか迷う
- もっと素敵なインテリアの
  おうちで暮らしたい
  → 彼女が部屋に置きたくなるような
  インテリア雑貨ってどんなもの？

WORK

あなたの作品を使うのはどんな人？

生活スタイル

◆

好きなもの

◆

基本データ

名　前：
性　別：
年　齢：
職　業：
家族構成：
趣　味：
居住地：
年　収：

生活の中で困っていることや願望

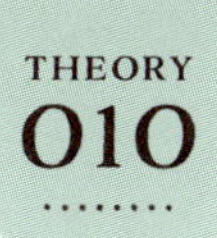

商品開発は とことんターゲットを狭める。

自分のブランドの顧客イメージが固まってきたら、さらにその人のライフスタイルを突き詰めて考え、商品開発につなげます。

ライフスタイルやシーンに沿った商品展開

例えば、お店のターゲット層が「年齢の高めな既婚女性」だとした場合、商品を作るときには、さらにそのターゲット層のライフスタイルを考えて狭めて設定します。例えば、帽子であれば下の図のようなイメージです。

［ブランド顧客イメージ ＝ 年齢の高めな既婚女性］

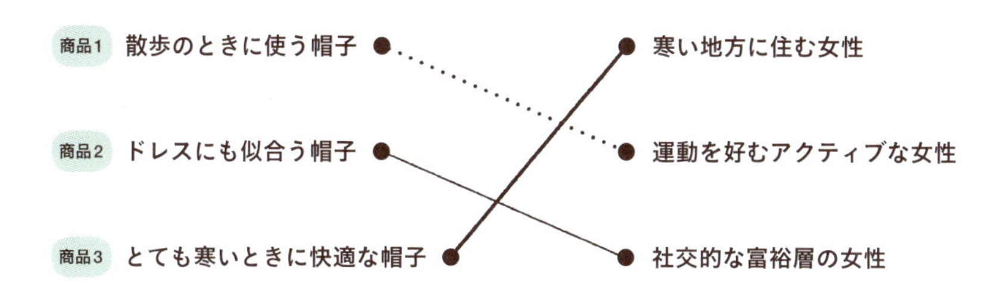

ターゲット層を絞り込むことで、その商品はより説得力を増します。もちろん、それに見合う商品を作ることが大前提となります。ターゲットのライフスタイルをできるだけ細かに意識して、それに沿ったデザインや機能がある作品を考えましょう。

THEORY
011

ターゲットが定まらないときは思いつくだけ書き出してから分類する。

ターゲットやペルソナと言われてもピンとこない……
そんなときは、付箋を使ってカテゴリーを見つけてみましょう。

趣味や嗜好、願望や悩みでカテゴリー分けする

ユーザーの姿を具体的にイメージしてと言われても、「老若男女問わず誰でも」と言う人もいるかもしれません。しかし、ターゲットは性別や年齢だけではありません。趣味や嗜好もターゲットのカテゴリーになります。「ニットが好きな人」「帽子が好きな人」などもカテゴリーですし、「シンプルなデザインが好きな人」でも良いでしょう。また、その人が実現したいと思っていること、解決したいと思っている悩みなどもカテゴリーとなりえます。その人達が、どんなことを求めているのか、どんな願望を持っているのか、あなたの作品がそれをどう実現できるのか、という芯の部分をつかむことが大事です。

《 年齢や性別だけでないターゲティング 》

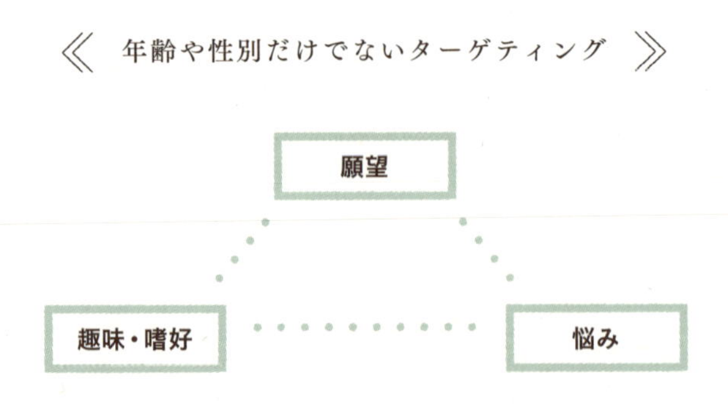

箇条書きしてカテゴリー分けする

まずは思い描く対象者がどんな人なのか属性を付箋に箇条書きします。次に、付箋を並べなおして対象者をカテゴリーでまとめてみましょう。ひとつの大きなカテゴリーでまとめることができれば、それがターゲット層になります。

カテゴリー分けで
ターゲットの願望を見つける。
SAMPLE

あなたの商品

リネンのエプロン

ターゲット層はどんな人？

- 女性が多そう
- リネンの服が好き
- 料理が好き
- インドア派
- 吉祥寺好き
- ナチュラル系の人
- パン屋さん好き
- 食器好き
- 手仕事が好き
- 家庭のある人が多そう
- イイホシユミコさん好き

見えてくるカテゴリー分け

丁寧に暮らしたい人

そこから見えてきた願望

- 質の高いもの好き　⇨ 縫製をしっかり
- 肌触りの良いものが好きなのでは？　⇨リネンにこだわる
- 料理の時間を楽しみたい　⇨ 男性も多いかも？

WORK

カテゴリー分けで
ターゲットの願望を見つける。

あなたの商品

ターゲット層はどんな人？

見えてくるカテゴリー分け

そこから見えてきた願望

販売計画

THEORY 012

屋号とキャッチコピーを
セットで考える。

お店の名前である屋号と、どんなお店かを表現する
キャッチコピーを決め、事業の方向性を定めましょう。

屋号を付けることの意味

屋号を付けることには、ふたつの意味があります。ひとつは、モチベーション（夢に向かっていく気持ち）を高める効果。もうひとつは、コンセプトやターゲットを絡めて今後の方向性を表すことです。

もちろん、すでにお店を持っている方は、お店の名前があるはずです。そんな方は、ぜひ「キャッチコピー」をしっかり考えてください。または、お店がうまく機能していないのであれば、屋号を思い切って変更し、新しいお店としてスタートするのもひとつの方法です。ハンドメイドマーケット等ではお店の名前はなくても出品できますが、ブランディングやイベント出展のためにも、お店の名前を決めることをおすすめします。個人ではなくお店、という存在感により信用度も高くなります。

覚えやすくわかりやすいことが大事

お店の名前として望ましいのは、覚えやすいこと、名前で何を販売しているのかわかることです。例えば、手編みの帽子を販売するのであれば、キャッチコピーは「手作り工房○○○」よりも「手編みの帽子専門店○○○」です。「覚えやすい名前＝思い出してもらいやすい名前」ということになります。また、検索してもらうときにも探し出しやすくなります。

ゴロの良さや覚えやすい響きも大切

お店の名前は、漢字でも仮名でもカタカナでも構いません。英字を使用する場合には、読みがなも併記してください。また発音したときの響きを考えてみることも必要です。人には心地良い音の響きがあり、覚えやすい言葉の羅列があります。周りの人に、その響きの感想を聞いてみるのが良いでしょう。

「これで正解」という屋号はありませんが、販売する商品と特徴を考えて、ひとつの形にしてみましょう。活動を進める中で「どうも方向性が違う、しっくりいかない」というときには、考え直してみても良いでしょう。

キャッチコピーには特徴を詰める

キャッチコピーは、どんなお店かを表現する文章です。特徴や想いを短くまとめましょう。前出の「手編みの帽子専門店○○○」であれば、どんな手編みの帽子なのかを表現します。例えば、

「大人の女性のためにウールにこだわる」

といった感じです。作品の対象者と、何にこだわっているのかをキャッチコピーにした例です。その他、購入すると得られるメリットを伝えるという方法もあります。

「天然ウールであたたかな暮らしを」

といった形です。またP68で書き出した架空の人物に向かって話しかけるようなキャッチコピーや、その人物が話した言葉をキャッチコピーにする方法も考えられます。

「もっと楽しみたい、私らしいニット帽ライフ」

このような手法を使って、お客様に伝えたいお店の特徴や思い入れを表現できるように考えてください。

屋号とキャッチコピーを考える。

お店の名前候補

お店の名前

キャッチコピー候補

キャッチコピー

基礎知識

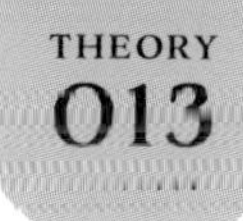

ハンドメイドマーケットの特徴をおさらいする。

minneをはじめとしたハンドメイドマーケット。
すでにはじめている人も、これからの人も、
利用するメリットや特徴について確認しておきましょう。

簡単に作品を販売できるシステム

ハンドメイドマーケットが登場する以前、作品をネット販売するには、自分でネットショップを開いたり、大手ショッピングモールに出品する方法が主流でした。しかし、お店の維持管理が大変で、始めるにも敷居が高い面がありました。また集客のために様々な対策を行う必要もあります。

ハンドメイドマーケットの登場で、ネット販売に必要な、出店手続き、ページ制作などの面倒な手順が不要になりました。そのため、スマホひとつで手軽に出品ができるようになったのです。商品代金の決済もハンドメイドマーケットが代行してくれます。登録料もなく無料で利用でき、作品が売れたときに販売手数料を支払うという仕組みになっています。

また、ネット販売では特定商取引法の表記を行わなければなりませんが、ハンドメイドマーケットなら、その記載も必要ありません。さらにハンドメイドマーケットがサイトの宣伝を行ってくれるので、ある程度集客も見込めます。このように、手作り作品をネット販売する敷居を下げてくれたのが、ハンドメイドマーケットなのです。

手作り専門　決済代行　登録無料　スマホで出品可

《 ハンドメイドマーケットとネット販売の違い 》

	ハンドメイドマーケット	ネット販売
商品	ハンドメイド作品	ハンドメイド作品に限らず全般
決済	ハンドメイドマーケットプレイスが代行	自身で対応
配送	自身で対応	自身で対応
特定商取引法	表示義務なし	表示義務あり
集客	マーケットがある程度集客してくれる	自力で集客

誰でも簡単に始められる＝ライバルも多い

このように誰でも楽しく作品の売買が行えるハンドメイドマーケットですが、はじめる敷居が下がった分、結果を出すにはやはり努力が必要です。ハンドメイドマーケットのトップページまでは、運営会社による各種広告や、検索の力で集客してくれますが、そこから自分のページに移動してもらうには、やはりネットショップと同様、たくさんの商品の中から選んでいただく必要があります。そこで、SNSを活用して直接自分の商品ページへお客様を呼んできたり、トップページに掲載されるよう工夫をしたりといったことが必要になります。本書ではそのやるべき工夫を多数紹介しています。「簡単だから始めたけど全然売れない」と思っている人は、挫折する前に本書に書かれたことを実行してみてください。

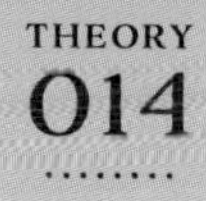

minneの特徴をおさらいする。

ハンドメイドマーケットプレイスの
代名詞とも言えるのがminne（ミンネ）。
特徴についておさらいしましょう。

市場規模が大きく影響力があるハンドメイドマーケット

minne（ミンネ）は、20万人以上の作家のハンドメイド作品を扱っている、国内最大級のハンドメイドマーケットです。サービス開始は2012年1月、以来ハンドメイドブームも手伝って、一気に知名度と利用者数を伸ばしました。東京ビッグサイトで開催の「minneのハンドメイドマーケット」など、ネット上だけにとどまらず、ハンドメイド業界を盛り上げ作家を支援する活動にも力を入れています。minneで売れている作品をカテゴリーで見てみると、2016年1月の実績で以下のようになっています。

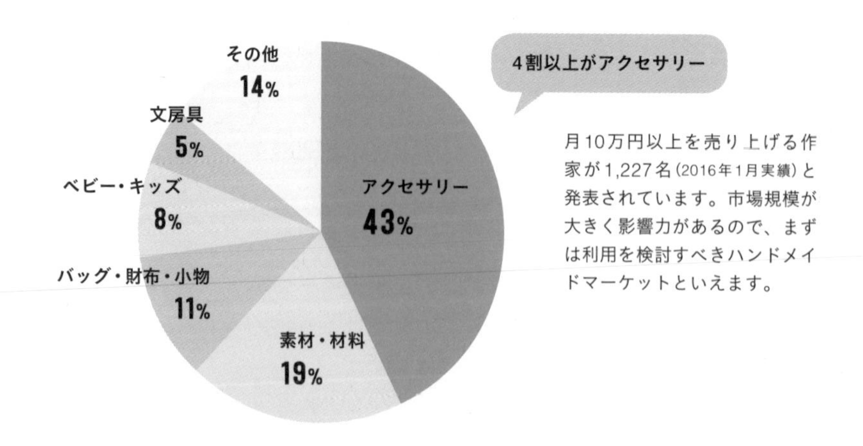

月10万円以上を売り上げる作家が1,227名（2016年1月実績）と発表されています。市場規模が大きく影響力があるので、まずは利用を検討すべきハンドメイドマーケットといえます。

固定費がかからず、費用は売れたときの販売手数料のみ

minneでの作品販売に登録料や月額利用料はありません。無料で商品登録して販売することができます。これはminne以外の各マーケットも共通です。費用がかかるのは売れた場合です。販売手数料として10％（税別）がかかるので、商品代金の90％が手元に入ってくるという計算です。送料は販売手数料の計算に含まれません。minneからの支払いは月に1回、月末締め翌月末支払いとなっています。支払い金額（商品販売価格＋送料）が1,000円に満たない場合には、翌月末に繰り越されます。なお、振込手数料として1回につき、172円の手数料がかかります。

販売できるものは、手作りのもの＝ハンドメイド作品です。既製品の販売はできません。2016年4月26日から食品の販売もできるようになりました。販売方法は、minneが代行販売という形になるので、特定商取引法での表記はminneとなり、販売する作家の住所等の連絡先の記載は必要ありません。決済もすべてminneが代行してくれる仕組みです。

《 minne トップページ 》

minne.com

基礎知識

その他のハンドメイドマーケットの特徴を知る。

minne（ミンネ）以外で代表的な、Creema（クリーマ）、
tetote（テトテ）、iichi（イイチ）を比較してみましょう。

ファッション系と好相性「Creema（クリーマ）」

Creemaには、４万人を超えるクリエイターが登録しています。成約手数料は、商品金額の8％～12％（税別）、3か月間の売り上げ金額によって変動します。食品の場合は一律14％（税別）です。購入時の決済方法は、一般的なもののほかに、auかんたん決済、ドコモ ケータイ払いが用意されています。

Creemaには常設のリアルショップがあるのが特徴です。ルミネ新宿店にて、2週間ごと約25名のクリエイターの作品が入れ替わる店舗を構え、クリエイターの作品とお客様が直接出会う場所を作っています。また、雑誌「nina's（ニナーズ）」とのコラボ企画や百貨店や商業施設などでのイベントも積極的に展開しています。ファッション系のアイテムとも相性が良いサービスと言えるでしょう。

www.creema.jp

あたたかみのあるテイスト「tetote（テトテ）」

tetoteには、2万8千人を超えるクリエイターが登録しています。アメーバブログとの連携が特徴で、ハンドメイドカテゴリに登録すれば、「ハンドメイド人気ブログランキング」で紹介されます。販売成約手数料は、商品金額の12%（税別）。作品カテゴリは、大小合わせて1,345種類が用意されています。tetoteでは、「tetote×特別協力イベント」として、全国の様々なハンドメイドイベントと提携して、ブース出展なども積極的に行っています。また、みんなの投票で決まる「テトテ・ハンドメイド・アワード」も開催。手作りのあたたかさが感じられるやさしいテイストのサイトです。

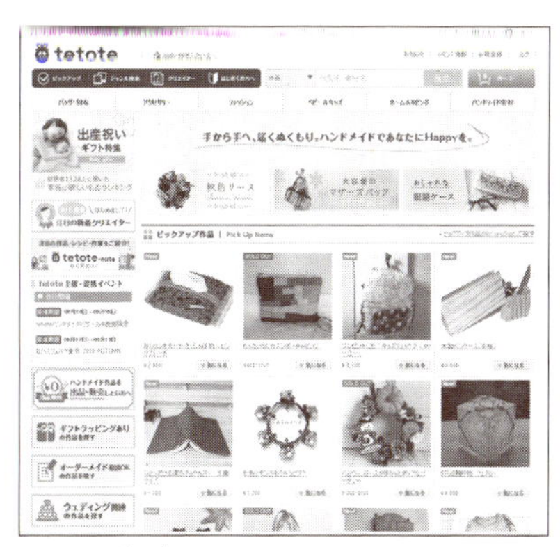
tetote-market.jp

手仕事・クラフト系「iichi（イイチ）」

iichiには、2万2千人を超える作家が登録しています。成約手数料は、商品金額の20％（税別）と他のマーケットと比べて割高ですが、その分高価格の商品が多いのが特徴です。

iichiの特徴として海外出品があります。海外版ページが用意されており、海外に向けての販売が可能です。また、アジア最大級のデザイナーズマーケットPinkoi（ピンコイ）との業務提携により、日本国内だけではなくグローバル・マーケットへの広がりが期待できます。PinkoiについてはP215でも解説しています。

www.iichi.com

サービス比較表

	minne	Creema
運営会社	GMOペパボ株式会社	株式会社クリーマ
登録作家数	200,000人	40,000人
主なジャンル	アクセサリー、ファッション小物、素材、ベビー用品	アクセサリー、洋服、ファッション小物、素材、フード
販売手数料	10%	8％～16％　基本は12％、売り上げ金額により変動、海外サイトでの販売16％、フード販売は14％
支払いサイト	月末締め翌月末支払い	振替申請をした翌月末支払い
振込手数料	172円	30,000円未満の場合172円 30,000円以上：270円
購入者の決済方法	クレジットカード、コンビニ決済、銀行振込、ゆうちょ振替、代引	クレジットカード、コンビニ決済、銀行振込、auかんたん決済、ドコモケータイ払い
リアルでの展開	東京ビッグサイトにて開催の「minneのハンドメイドマーケット」ほか、様々な企業とのコラボイベント多数。雑誌も刊行。コンテストも多数開催。	「ハンドメイドインジャパンフェス」などのイベント開催、ルミネ新宿に常設ショップ。
特徴	登録数20万人と最大手。アクセサリーが取扱い商品の4割をしめる。かわいい甘めテイストのものが多い。	雑誌や百貨店とのコラボなどファッション系との相性が良い。洗練されたおしゃれなテイストのものが多い。

フードを売るなら！

販売手数料が安い！

tetote	iichi
GMO ペパボオーシー株式会社	Pinkoi Japan 株式会社
28,000人	22,000人
アクセサリー、ファッション小物、素材、ベビー用品	アクセサリー、ファッション小物、器、家具、クラフトアイテム
12%	20%
1～15日までに振込申請し当月支払い	月末締め翌月20日支払い
160円	30,000円未満の場合172円 30,000円以上：270円
クレジットカード、コンビニ決済、銀行振込	クレジットカード、コンビニ決済、銀行振込
全国のハンドメイドイベントでtetoteブース展開など。「テトテ・ハンドメイド・アワード」開催。	展示会や百貨店での催事の参加募集など。
ぬくもりのあるやさしいテイストのものが多い。アメーバブログと連携。	木工や革製品などクラフト系の落ち着いたテイストのものが多い。比較的高単価。Pinkoiを通じた海外での販売も支援。

海外展開を目指すなら！

アメーバブログをすでにやっているなら…

基礎知識

THEORY 016

売買の流れを理解する。

ハンドメイドマーケットを使った
売買の流れを確認しておきましょう。

大まかな流れはどこも同じ

まずは会員登録をして、各種設定を行います。商品ページを作って公開すれば、いよいよ販売スタート。注文が入るのを待ちましょう。めでたく買い手が付いたら、連絡や発送を迅速に行います。

作品を掲載し販売するまで

ハンドメイド
マーケットプレイスの会員登録

▼

送料、振込先口座等、
販売を開始するための設定

▼

プロフィール（自己紹介ページ）への
情報掲載

▼

作品の掲載（販売）

作品が売れた後

受注メールが届く

▼

管理ページで詳細を確認

▼

売れた作品の発送
（決済により発送時期は異なる）

▼

作品代金が手数料を引かれて
振込まれる

¥1,000-
¥2,000-
¥1,200-
¥3,000-
minne
¥800-
¥1,800-

基礎知識

THEORY
017

無料開設できる
ネットショップについて理解する。

「自分だけのお店」を簡単にオープンできる
無料サービスについて知っておきましょう。

スマホ時代の簡単ネットショップ

BASEやStores.jpは、無料で簡単にネットショップが作れるサービスです。無料で簡単に販売できるという点では、ハンドメイドマーケットと仕組みは似ていますが、「自分の店舗」としてネット上に構えられるという点が大きく異なります。デザインやレイアウトもテンプレートが用意されているので、自分の好みでネットショップが作れます。オプションで、割引クーポンを発行したり、メールマガジンを配信したり、独自ドメインで展開したりと、サービスを充実させていくことも可能です。ただし、ハンドメイドマーケットと異なり、独立したネットショップとして「特定商取引法に基づく表記」で氏名や連絡先の記載が必要であったり、自力で集客する必要性が高かったりと運用のハードルは高くなります。しかし従来のネットショップ開設に比べればとても簡単にオープンできることに驚くでしょう。

ハンドメイドマーケットから一歩進んで、自分のネットショップを開設したいという方は、BASEやStores.jpで「ネットショップオーナー」になる一歩を踏み出してみてはいかがでしょうか？

登録無料

決済仲介

自由な
デザイン

スマホで
出店可

無料で簡単にネットショップ「BASE（ベイス）」

無料でネットショップを開設・運営できるBASE。テンプレートを選ぶことで簡単にデザイン性の高いショップをオープンできます。「BASEかんたん決済」で支払関係のわずらわしさもありません。決済手数料は、1回の買い物ごとに送料を含めた金額の3.6%＋40円を支払う仕組みです。お買い物用アプリと、ショップの開設・管理ができるアプリが用意されているほか、販売促進用のブログ＆キュレーションサービスも提供されています。

▲thebase.in

▲BASEを使用したtumma tukkaさんのショップ。

有料プランもある「STORES.jp（ストアーズ・ドット・ジェーピー）」

BASEと同様、簡単にネットショップを開設できるSTORES.jp。5アイテムまで登録販売できる無料プランと、月額980円のプレミアムプランがあります。決済仲介サービスを利用でき、1回の買い物ごとに5%の決済手数料が発生します。販売支援のためのサービスも充実しているほか、発送作業代行など、運営を手助けしてくれるサービスもあります。

▲stores.jp

▲STORES.jpを使用したkodemariさんのショップ。

基礎知識

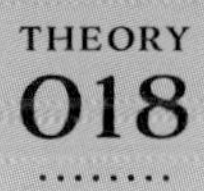

税金について理解しておく。

ハンドメイドが売れたら、税金を払わなくてはいけないの？
脱税にならない……？といった
漠然とした不安を解消しておきましょう。

そもそも確定申告とは何？

ハンドメイド作品を売ってみたら買ってもらえた！でもこれって税金を払わないといけないの？なんだか難しそうでよくわからない……。そんな風に感じている人も多いのではないでしょうか？

私たちには、所得に応じて納税をする義務があります。それは会社員でもハンドメイド作品を販売する個人事業主でも同じです。会社員の場合には、会社が税務処理をしてくれますが、個人事業主の場合には自分で処理しなくてはなりません。それを行うのが確定申告です。1年間（1月1日～12月31日）の所得を計算して、年明け2月16日から3月15日までの間に税務署へ申告を行います。これにより、支払う所得税額が決定されます。

さて所得とはいったいなんでしょうか？簡単に説明すると、[収入から必要経費を引いた額が所得＝税金がかかる金額] となります。所得金額から各種控除を引いた額から税金額が決まります。

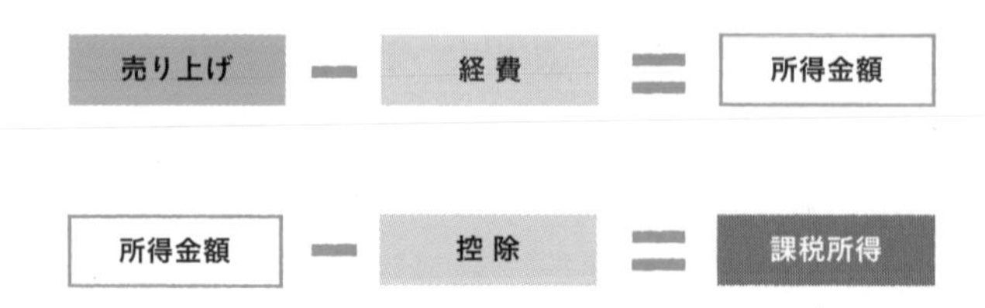

誰でもやらなくてはいけないの？

よく確定申告と言うと、「いくらまでならやらなくていい」といった話になりがちですが、以下に該当する人は確定申告を行う必要があります。

- **勤め先から給与をもらっていて、それ以外に年間20万円超の所得がある人**
- **専業主婦や個人事業主で年間38万円超の所得がある人**

ハンドメイド販売をフリーランスとして行う場合には、年間所得が38万円以下であれば申告の必要はありません。ではなぜ38万円なのでしょうか？ 実際に税金額を決定する際には、所得（課税される金額）から控除として規定の金額が免除されます。この控除のうち誰でも受けられる「基礎控除」が38万円なのです。つまり38万円までの所得であれば、38万円が自動的に引かれるため、課税所得がゼロとなり申告の必要がないと言うわけです。

専業主婦の103万円の壁、130万円の壁って？

「専業主婦は年間103万円以上稼ぐとNG」といった話もよく聞きます。この103万円というのは、先ほどの基礎控除38万円と、パートなどの給与に対する所得控除65万円を足した金額からきています。しかしハンドメイドによる収入は給与ではないので、実は103万円という金額は関係ありません。影響があるのは社会保険で、所得が130万円以上あると、夫が会社員の場合、社会保険の扶養から外れてしまいます。

このように税金と控除の仕組みはとても複雑です。さらに2016年11月現在、配偶者控除の廃止が予定されるなど、税制の見直しも進められています。ご自身のケースに当てはまる情報は、書籍『自分でパパッと書ける確定申告（翔泳社刊）』の最新版をぜひご覧ください。また基本的なお金の管理についてはP164で解説しています。

基礎知識

THEORY
019

開業届を出して「個人事業主」になる。

「開業届」をご存知ですか？
税務署に提出すれば、あなたも立派な個人事業主です。

開業届は何のために出すの？

開業届の正式名は「個人事業の開業届出・廃業届出等手続」。屋号、開業日、事業の概要を記載した書類を税務署に提出し、個人事業主（自営業）として事業を開始したことを届け出るものです。

ハンドメイド作品を販売することにしたら、この開業届を提出してみましょう。提出せずにフリーランスとして活動をする人もたくさんいますが、届け出ることで「私はハンドメイドを趣味ではなく、事業としてやります。」という宣言になり、モチベーションアップにつながります。

開業届を出すメリットは、節税効果があることです。確定申告には「白色申告」と「青色申告」の2種類があります。開業届けを出す際に「所得税の青色申告承認申請書」を一緒に提出すると青色申告が可能になります。この青色申告の最大のメリットは、65万円の特別控除があることです。課税所得から65万円引いてくれることは大きな節税となります。本気で稼いでいくつもりなら、税金が少ないに越したことはありません。その他、屋号で銀行口座開設ができたり、保育園の申請で就労状態であることの証明になる……といったメリットもあります。

利点ばかりの青色申告ですが、帳簿をしっかりつける必要が生じます。お金回りを整理しておきましょう。詳しくは『自分でパパッと書ける青色申告（翔泳社刊）』の最新版をぜひご覧ください。

PART 2

THEORY 020~044

....

市場調査＆出品 編

市場調査

THEORY
020

売れている作家・作品を良く観察する。

「何をすべきか？」は、不足を知らなければ始まりません。
まずは売れている作品をチェックして
「やるべきこと」を見つけましょう。

幅広くどん欲に徹底的に研究してみよう

本書のはじめで「大切なのはとにかく実践！行動しよう」という話をしました。しかし「実際に何をしたら良いのか？」がわからなければ何もできません。まずは、「自分に何が足りないのか？自分に何が必要なのか？」を知ることが必要となります。

そこで、売れている作品を見て研究することから始めてみましょう。売れている作品には、売れているだけの理由があります。作品自体のクオリティやテイストはもちろんですが、ハンドメイドマーケットやネットショップの場合、ランキング上位やお気に入り登録数が多い作家について、徹底的に研究してみます。

作品の写真、商品名、説明文、補足コメント、レビューへの返信、プロフィールなど、ひとつひとつ丁寧に見てみましょう。参考にする作品は、あなたの作品と同じカテゴリーはもちろんですが、他のカテゴリーもチェックしてください。ときには、ハンドメイド作品以外の商品を参考にすることも必要です。幅広くどん欲に吸収する姿勢を持ちましょう。

こうして見ていくと、いろいろな気付きがあるでしょう。自分の足りない部分が見えてきて、焦ったり落ち込んだりするかもしれません。でも不足を知ることで、しっかりとスタート地点に立つことができるのです。

WORK

売れている作品情報を研究する。

写真

- どんなアングル？
- 背景はなに？
- 商品以外で写っているのは？
- モデルの有無は？
- スタイリングは？
- どんな世界観を表現している？
- 何枚？
- どんな印象を受ける？
- 屋号などの文字が入っている？

説明文

- 長さは？
- 何が書かれている？
- どんな文体？
- どんな印象を受ける？
- どんな人柄を感じる？
- 自分の作品説明には書いていない要素は？

商品名

- 長さは？
- どんな要素でできている？
- 英語？日本語？
- どんな印象を受ける？
- バリエーション展開は？

プロフィール

- どんな内容？
- ホームページは持っている？
- どんな経歴？
- ブログやSNSはやっている？

レビュー

- どんなレビューがついている？
- 購入者は何を喜んでいる？
- どんな返信をしている？

価格

- 高く感じる？安く感じる？
- 類似商品とくらべてどうか？
- 送料はどう設定している？

市場調査

THEORY
021

人気作家のページを
プリントアウトして赤字を入れる。

ただ漠然と人気商品を観察するだけでなく、ネット販売の場合は
「パソコンの画面を印刷」してさらに研究します。

紙に出力すると気付くこと

ネットで売れている作品を研究する方法にはコツがあります。パソコン画面を見て気が付いたことをメモするのではなく、そのページを印刷してプリントアウトした紙に気が付いたことを赤字で書きます。「なにが違うの？」と思うかもしれませんが、スクロールして追って見るのと紙を目で追って見るのでは、不思議と気が付くことが異なります。

試しに、A4用紙1枚程度の文章をパソコン上で書き終わった後に、プリントアウトして読み返してみてください。パソコン上では違和感を感じなかった文章に、いくつか修正したいところを感じるはずです。意外と見落としてしまうところも、紙ベースの確認で防ぐことができます。

気が付いたことは良いことばかりではなく、悪いと思ったことも書き出します。

自分の商品ページもプリントアウトする

ご自分の作品ページも、人気作家さんと同じようにプリントアウトして赤字を入れてみてください。売れている作品と比べると、「どこがどのようにできていないか？」がわかるでしょう。その不足さえわかれば、後は解決すべく「やるべきこと」を実行するのみです。

《 SAMPLE　アクセサリー作家kodemariさんのページ 》

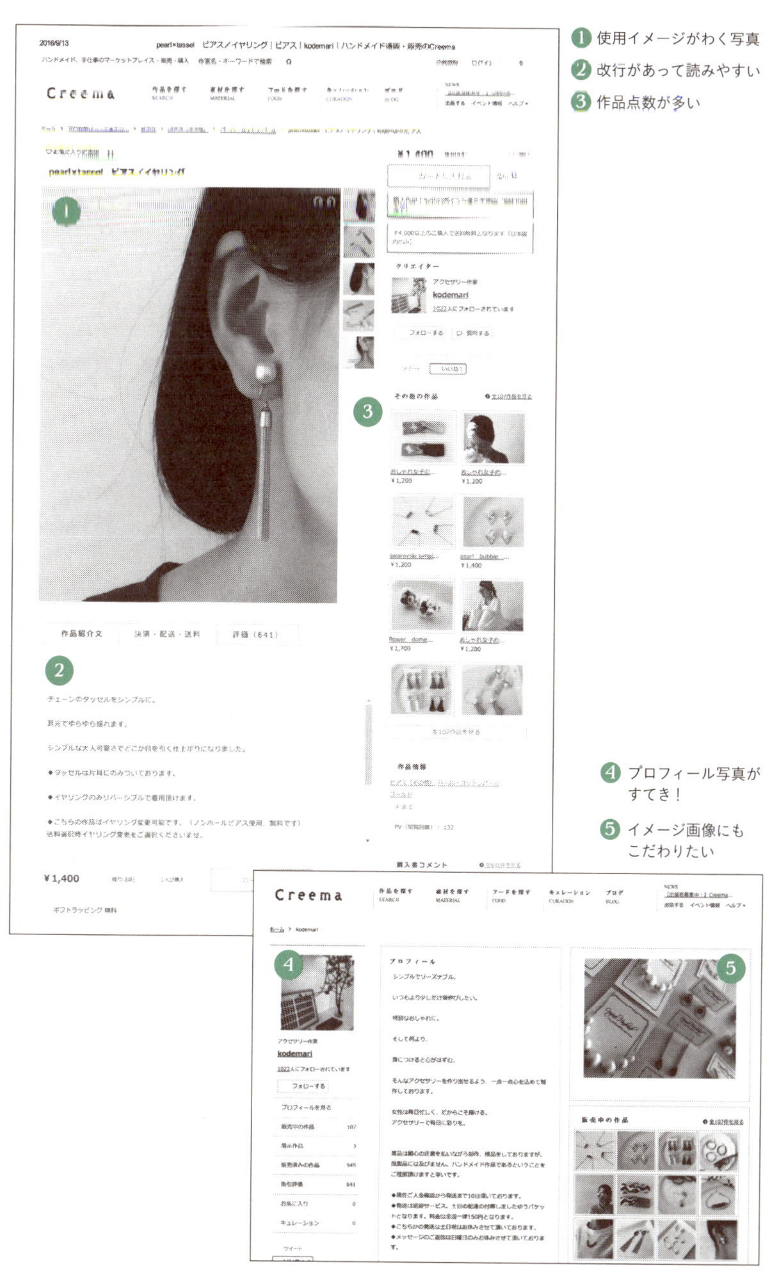

THEORY
022

市場調査

観察結果から「売れている理由」を探る。

ここまで人気作家や作品を研究して、気が付いたことが
多数あったことでしょう。でも本当に大事なのは、気付いたことから
「ユーザーがお金を払う理由」を見付けることです。

お客様は何にお金を払っている？

前項までで、気が付いたことを書き出しました。そのメモからさらに、**「どうして良いのか？どうして悪いのか？」**の理由を一緒に書き出してみましょう。

例えば「何となくかわいいと思う写真」でも、そのかわいく思わせる理由がどこかにあるはずです。例えば、商品が置かれている部屋のインテリアがかわいいので、その写真を見ると「こんなアイテムがある暮らしは素敵だなあ」と感じるのかもしれません。それが「売れるための要素」となります。

もちろん作品それ自体にはオリジナリティが大切ですが、売れる根本となる部分、お客様が何を求めているのかを理解することとで「自分が何をすべきなのか」が見えてきます。

気が付いたこと	写真が良い
どうして良いのか	明るくてきれい、スタイリング小物がかわいい
売れるための要素	写真はきれいに、世界観を伝えるものに
自分にできること	カメラを思い切って購入、自分の世界観を表す小物を探す

WORK

売れている作品で気が付いたこと。

人気作品の良いところ	その理由

自分の作品の悪いところ	その理由

やるべきこと

✔ CHECK!

- [ ]
- [ ]
- [ ]
- [ ]
- [ ]
- [ ]

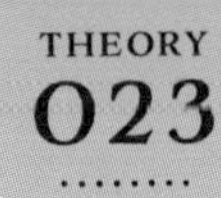

自己紹介は
3つのポイントを押さえる。

「作品のクオリティ」
「こだわり(作風)」「親近感」を意識しましょう。

プロフィールをストーリーにする

「作品のクオリティ」は、活動履歴として伝えます。いつから創作しているのか?(ハンドメイド作品に携わった時期)どんな風にして技術を高めたのか?(どこで習ったか、資格の有無)自信があるところはどこか?(デザイン面、技法面)を掲載します。イベント等への出展歴、受賞歴なども掲載しましょう。

「こだわり(作風)」は、何を大切にして制作しているのか?作品コンセプトは何か?などです。「親近感」は、ハンドメイド作品を始めたきっかけやライフスタイル(生活環境や趣味)などです。これらをテンポ良くまとめます。ストーリーとして読みやすい流れは、以下のようになります。

	ex.
● いつから創作しているか?	20XX年より制作をはじめ…
● ハンドメイド作品を始めたきっかけ	○○の魅力のとりこになり…
● どんな風にして技術を高めたのか?	独学で…、○○学校で…
● イベント等への出展歴、受賞歴	○○マーケットに参加…
● 何を大切にしているのか?作品コンセプトは何か?	こだわりは…
● ライフスタイル	2児の母で…

MY STORY
CONCEPT?
MOTIVATION?
LIFESTYLE?
CONFIDENCE?
HISTORY?
EXHIBITIONS?
AWARD?
SKILLS?

自己紹介

伝えたいことを全部
書き出してから短くまとめる。

自己紹介に限らず、書きたいことがうまく文章にまとまらない、
ということはよくあります。書くことに不慣れだと
内容を盛り込み過ぎるのが原因です。

文章はテンポよく簡潔に

自己紹介でも作品紹介でも、あれもこれも書こうと思うあまり、何が言いたいのかわからない長文になってしまうことがあります。読む気を削がないように、なるべく簡潔にまとめてみましょう。

コツは、はじめに伝えたい内容をすべて書いてからシェイプアップすること。書かなくても伝わるところは削除して、本当に伝えたいことだけを残します。自己紹介の出展歴、受賞歴などは箇条書きにまとめると見やすいでしょう。また同じ表現が重なっていないか？同じ文末が続いて読みにくくなっていないか？なども確認しましょう。同じ文章でも、文節を短くするとテンポが良くなり、読みやすくなります。最後の仕上げとして、適度に改行を使って視覚的に読みやすくしてください。

ハンドメイド・マーケット上では短くまとめ、リンクをはって自分のサイトへ誘導する方法も良いでしょう。

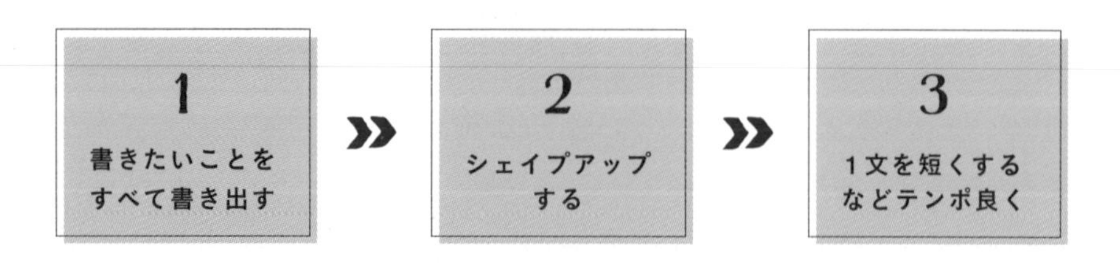

自己紹介で伝えたいことをいったんすべて書き出す

いつから創作しているのか？

ハンドメイド作品を始めたきっかけ

どんな風にして技術を高めたのか？

イベント等への出展歴、受賞歴

何を大切にして制作しているのか？

作品コンセプトは何か？

自信があるところはどこか？

ライフスタイル

ページ作成

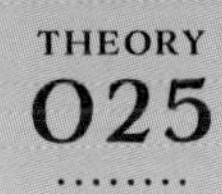

自己紹介ページには「作品を裏付ける内容」を書く。

ハンドメイド・マーケット上の自己紹介欄は、
作品購入に影響する大切なページです。作品価値が高くなるような内容を、
読みやすい文章で表現しましょう。

お客様が作品を納得できる情報を掲載する

お客様が自己紹介ページを見るのはどんなときでしょうか？多くの場合、作品を見て気に入った後に、「どんな人が作品を作っているのだろう？」という気持ちで見ています。つまり、作品ページが最初で自己紹介ページはその後です。作品を見て気に入ってくれたお客様が、さらに情報を求めて見ていることになります。この流れの中で求められるのは、さらに作品の価値が高くなるような内容です。作品のクオリティや作風について、「なるほど」と思わせる説得力のある内容にします。「どうしてこの作風なのか？」「どうしてハンドメイドにこだわっているのか？」「どんな想いを持っているのか？」など、お客様が作品に納得できる情報掲載が必要です。

実直に自分を伝える

アマチュアでも、作品を販売している時点でプロだといえます。お客様は購入金額に値する作品を求めています。ですから自己紹介でアマチュアを主張して謙遜する必要はありません。逆に、背伸びした嘘や表現は信用をなくすことになるのでやめましょう。万人に好かれる必要はありません。実直に自分の作品に対する考え方と作品背景を、あなたの作品を好きになってくれるファンへのメッセージとして伝えてください。

アイコン画像は作風を伝える重要ポイント

プロフィールに掲載するアイコン画像は、ショップの顔となる部分です。代表作や定番商品の写真を使いましょう。世界観が伝わるような色、構図、背景になるよう工夫します。もしくは、ショップロゴを使うという手もあります。フォントを工夫して店名をロゴにしてみましょう。いずれにせよ、一度決めたらコロコロと変えず、SNSでも同じものを使います。そうすることでアイコン画像で記憶してもらえ、ブランディングにつながります。

《 自己紹介ページの例 》

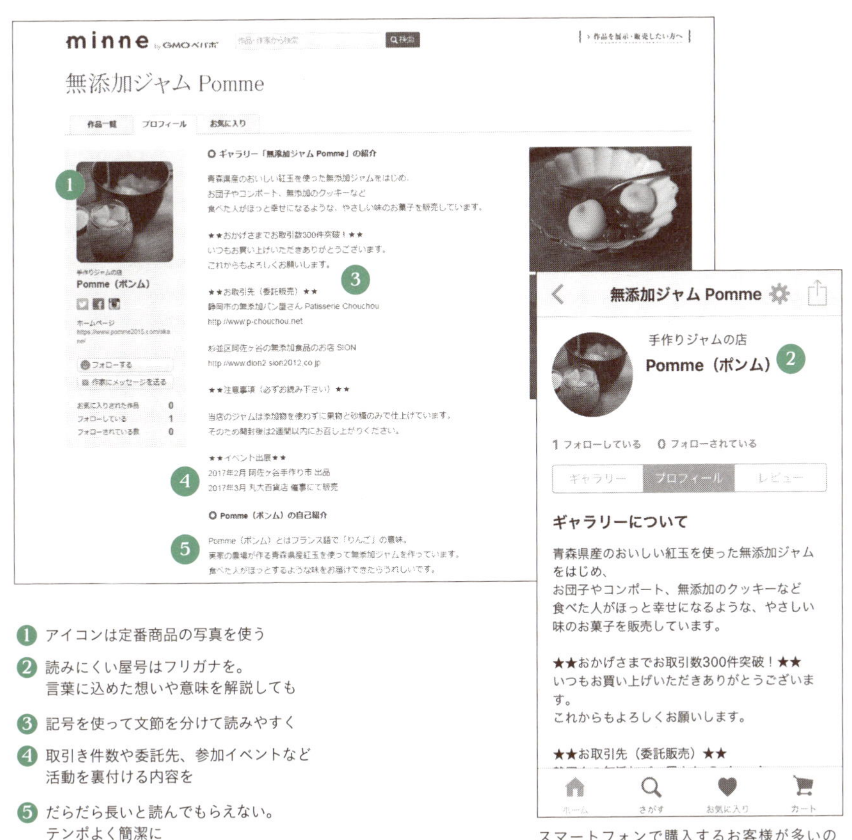

1. アイコンは定番商品の写真を使う
2. 読みにくい屋号はフリガナを。
   言葉に込めた想いや意味を解説しても
3. 記号を使って文節を分けて読みやすく
4. 取引き件数や委託先、参加イベントなど
   活動を裏付ける内容を
5. だらだら長いと読んでもらえない。
   テンポよく簡潔に

スマートフォンで購入するお客様が多いので、スマホから見えにくくないかも重要

ページ作成

名刺代わりのホームページを作る。

ホームページは、あなたと作品を伝える情報発信ツールです。
ネット上の名刺として活用してください。

あなたが思い描くイメージで、よりわかりやすく伝えられる

ホームページというと、SNSやブログ、ハンドメイドマーケットなど手軽なサービスがある今の時代には、少し古くさいイメージがあって、めんどうに感じるかもしれません。しかし、ホームページは名刺代わりとして今も有用です。

例えば、ハンドメイド・マーケットの自己紹介ページでは、なるべく簡潔にテンポ良くサラッと読める文章が求められますが、お客様の中には「もっとこの作者のことを知りたい」と思う人もいます。そのときホームページがあれば、お客様が求めているさらなる情報を提供することができます。ご自分のホームページであれば、文字数や写真枚数などの掲載制限はありません。色や文字、レイアウトもあなたの好きなデザインで作れます。つまり、ホームページでは、あなたが思い描くイメージで、作品をよりわかりやすく、より伝えやすくすることができます。

ホームページは何ページ作るかも自由です。TOPページに作品写真と連絡先、各種SNSやハンドメイドマーケット、ブログ等へのリンクを貼れば、1ページだけでデジタル名刺としての役割は十分果たせます。また次の項で解説するように、作品ギャラリーを開設して世界観を伝えることができるのも利点です。

自由なレイアウトで世界観を伝える

▲大きな写真とキャッチフレーズを使うことで、ブランドイメージが一目で伝わります

アクセサリー作家kodemari さんのホームページ
https://kodemari.stores.jp/

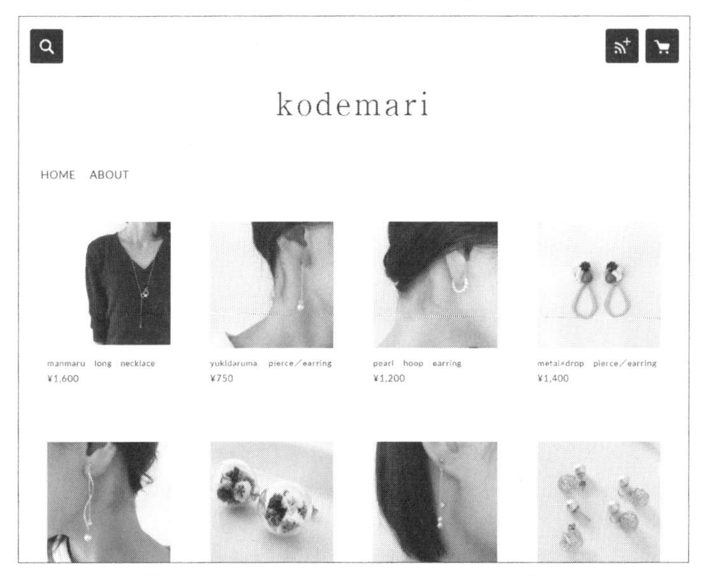

▲オンラインストア「STORES.jp」を使ってホームページ代わりにしている「kodemari」さんのサイト。簡単にできるネットストアを使えば、名刺と作品ギャラリーの役割を持たせられます

ページ作成

ファン獲得のために、作品ギャラリーで世界観を伝える。

ファン作りの第一歩は、
あなたの作風や世界観を好きになってもらうこと。
その世界観を伝えるのが作品ギャラリーです。

あなたのファンをより多く作るために

ハンドメイド作品を購入してもらう上で、ファン作りは大切です。あなたの作品が好きで価値を感じているファンは、一般の方に比べて購入の割合やリピート率も高くなるはずです。また、オーダーメイドでの発注も期待できます。

「作品が好き」という感覚は、デザインや色の使い方、こだわりなど、あなたの作風が自分の好みに合うということです。あなたの価値を感じてくれるファンをなるべく多く作ることができれば、「作品を作る→売れる→また作品を作る」という継続した好循環が期待できます。

作品ギャラリーで世界観を伝える

ファンを作るためには「あなたの作品はどんな特徴があるのか？」「コンセプトやこだわりは何なのか？」を伝えていく必要があります。もちろん文章で伝えることも必要ですが、直感的にわかりやすく伝えるには、写真がとても効果的です。そこで、写真を使った作品ギャラリーを作ってみましょう。

作品ギャラリーは、未来のファンに向けたプレゼンテーションです。ただ作品の写真を並べるだけではなく、ギャラリー全体を見ていく中であなたの世界観に浸れるように構成します。

商品販売ページとブランドを伝えるページの違い

商品販売するページの写真は、作品を手に取れない相手に商品の詳細情報を伝えることが目的ですが、作品ギャラリーに掲載する写真は、世界観を伝えイメージで魅了することが目的です。ですから詳細や機能面よりも、作品のイメージを重視した写真にします。これは自動車のテレビCMとカタログの関係に似ています。ヨーロッパの街並みを走るテレビCMで「この車すてきだな、欲しいな」と興味を持ってもらい、カタログで具体的な機能やスペックを説明するといった具合です。

ただ、STORES.jpやBASEといった最近のオンラインストアでは、販売ページでも見た目を美しくレイアウトしてくれるので、ギャラリーとして十分機能します。サイト作成に時間をとられたくない人は、これらを使ったり、Instagramを作品ギャラリーとして組み込む方法も良いでしょう。

世界観を伝えるという点では、有名ファッションブランドのホームページが参考になります。どのような写真のどの要素から、どんなイメージを受けるのか研究しましょう。

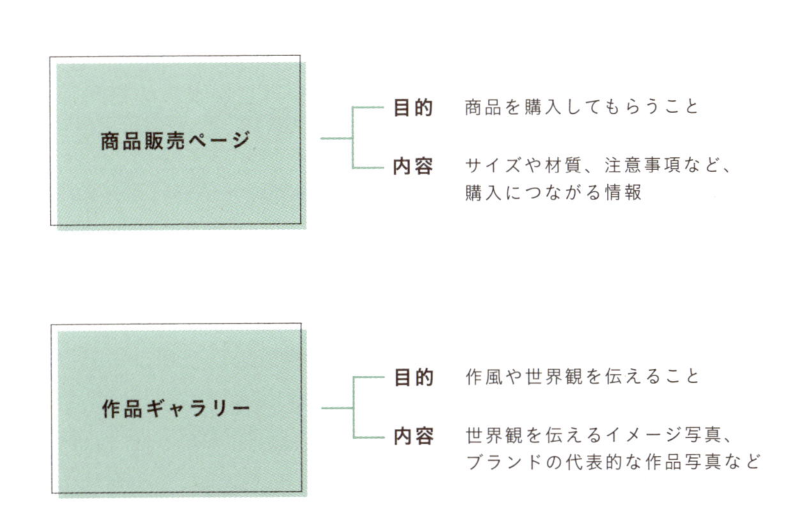

THEORY
028

パソコンが苦手な人は、サイト作成サービスを利用する。

作品ギャラリーを作れと言われても、パソコンには詳しくないし……
というアナログな方は簡単なサイト作成サービスを活用してみましょう。

『Tumblr』で簡単ポートフォリオ

アナログな手作業が好きなクリエイターさんにとって、自力でホームページを作るのはハードルが高いかもしれません。必要性はわかっても、そのために作品制作の時間をとられたくない、という人も多いでしょう。でも最近ではそんな人のための便利なサービスが多数用意されています。

簡単な手順でポートフォリオサイトを作れるのが「Tumblr（タンブラー）」です。ブログとSNSの中間のようなサービスで、おしゃれなテーマを選ぶだけでスタイリッシュな作品ギャラリーページができあがります。

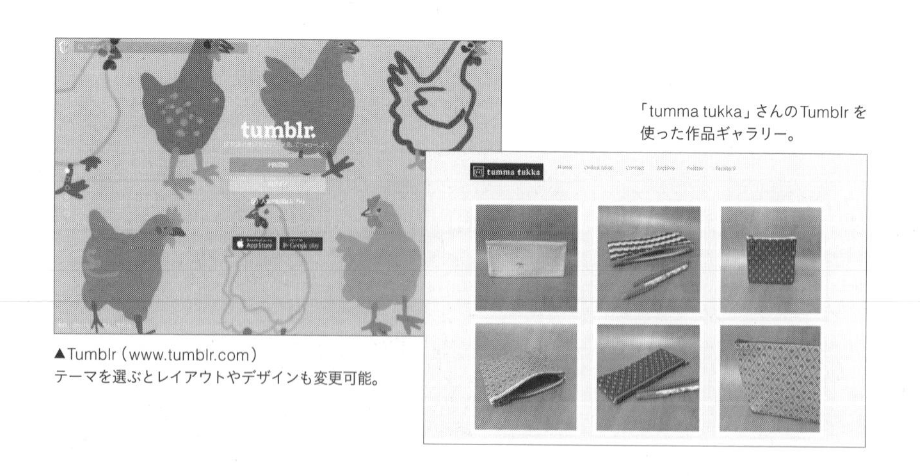

「tumma tukka」さんのTumblrを使った作品ギャラリー。

▲Tumblr（www.tumblr.com）
テーマを選ぶとレイアウトやデザインも変更可能。

スマホ対応ホームページが簡単に作成できる『Ameba Ownd』

ブログではなく、複数のページを持ったホームページを簡単に作りたいなら、Amebaが提供する『Ameba Ownd』が便利です。こちらも目的別に用意されたデザインテーマを選ぶだけで簡単におしゃれなサイトが作れます。Instagramに作品写真を多数アップロードしている人は、Instagramの写真をそのまま作品ギャラリーページにすることもできます（Instagram活用についてはP174をご覧ください）。スマートフォン閲覧にも対応しているので安心です。

◀Ameba Ownd
（www.amebaownd.com）

▶TAM'S WORKS
tamsworks.themedia.jp
オウンドを使用したハンドメイド作家さんのサイト。Instagramを作品ページとして活用しています。

ページ作成

THEORY
029

写真は補正や加工を加える。

ネット全盛の現代で物を売るために、もっとも重要なのは
写真と言っても過言ではありません。

無料ツールで加工できる

作品を販売するページに掲載する「商品写真」は、実物を正しく伝えることが最優先となります。一方サイトのトップ画面やSNSのアイコン画像など、ブランドイメージを伝えるための写真は、商品がしっかり見えることよりも、全体の色調や雰囲気が優先事項です。このような写真は、撮影後にソフトを使って補正を加えるとより明確にイメージを伝えることができます。パソコンではPhotoshop Elementsなど有償ソフトが一般的ですが、持っていない人は無料のサービスやスマホアプリを利用しましょう。商品写真の場合でも、コラージュ加工などに便利です。

《 画像加工サービス「Fotor」 》

◀iPhone、Android用のアプリ版「Fotor」。

▲WEBブラウザ上で写真の加工ができるサービス「Fotor」 www.fotor.com

集客

名刺や印刷物には URLとSNSのIDを記載する。

ホームページやブログ、作品ギャラリーを作ったら、
必ず名刺やショップカードにURLとIDを記載しましょう。

封筒や納品書にもURLを忘れずに

ホームページを作ったら、そのURLを名刺に記載してください。ハンドメイド作家として活動していくと、いろいろな方に名刺を渡す機会が増えてきます。例えば、イベント出展したときなど、来店してくれたお客様に対して、自分を知ってもらうために名刺やショップカードを配ることもひとつの方法です。人に挨拶するときや自己紹介するときにも名刺があると便利です。何かで思い出してくれたときに、その名刺があればホームページを見てもらえ、仕事につながる連絡がくるかもしれません。何気なく名刺を渡した相手が百貨店のバイヤーかもしれません。また、TwitterやInstagramなどのSNSをやっているならIDも必ず記載します。

なお名刺だけではなく、ハンドメイド活動で使う封筒や納品書などの印刷物にもURLとIDを記載しましょう。

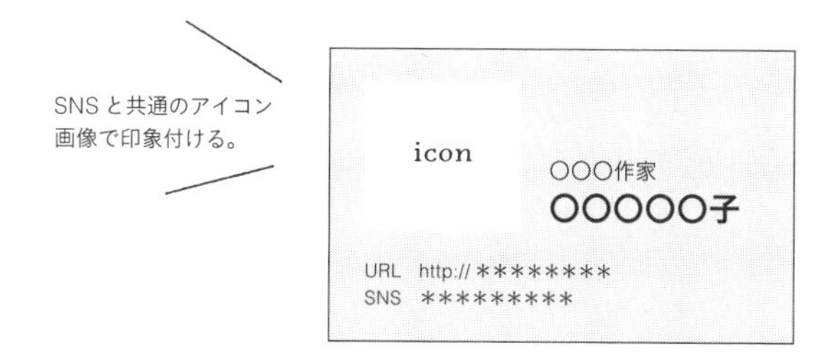

集客

THEORY
031

商品名に求められることを理解する。

ネット販売において商品名は非常に重要です。
簡潔にわかりやすく、キーワードを意識した
商品名を考えてください。

わかりやすい商品名はクリックされやすい

商品名の基本は「商品内容がわかるように」です。その商品名だけで、どんな商品で何が特徴なのかがわかることが望まれます。商品名は、ハンドメイドマーケットにおいて、商品一覧に表示されます。お客様は、欲しい商品があって探しているか、何かないかな？とウィンドウショッピング的に見ているかのいずれかです。そのときに、商品名でその内容がわかれば、欲しい商品かどうかがわかります。何だか面白そうだと興味を引かせることもできます。「クリックして見てもらうこと」も商品名の役割のひとつです。

商品名は検索対応としても重要

インターネット上での商品検索では、商品名は説明文とともに検索対象になります。ハンドメイドマーケット内の検索ワードになるのはもちろんですが、GoogleやYahoo! JAPANにおいての検索対策にもなります。つまり、商品名を工夫することで、普段ハンドメイドマーケットをのぞかない人でも検索結果からハンドメイドマーケットのページを見てくれる可能性が高まります。もちろん作品の世界観を打ち出した商品名であることも大切ですが、独りよがりにならないよう、上記の内容を意識してみてください。

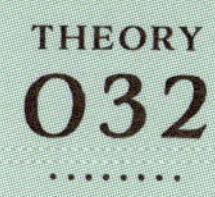

商品内容を5W1Hで考えて商品名を決める。

商品を検索するときに、お客様は欲しい商品の主要キーワードで検索します。そのキーワードを商品名に取り入れましょう。

必要なキーワードを無駄なくまとめる

例えば「毛糸で編んだ帽子」を例に考えてみます。お客様が探すのに使いそうなキーワードとして考えられるのは「毛糸、ニット、帽子、手編み」です。これを考慮した商品名は

「毛糸で手編みしたニット帽子」

となります。しかし、これでは「商品内容がわかるように」という観点では情報が不足していますし、毛糸とニットなど同じような内容が重複していてムダがあります。こんなときには、商品内容を5W1Hで考えてみます。

What	なにを売るのか？	帽子
Who	誰に売るのか？	女性
When	いつ使うのか？	冬
Where	どこで使うのか？	散歩
Why	どうして使うのか？	防寒として
How	どのようなものなのか？	赤色の毛糸でフリーサイズ

これらを商品名に反映すると、

「防寒対策として冬の散歩に最適！毛糸で手編みしたニット帽子　女性用・赤色・フリーサイズ」

となります。でもこれだと長すぎてかえって魅力や特徴が伝わりにくい印象です。ここから手を加えます。まず、検索と内容説明に必要ないと思われるキーワードを商品名から削除します。「防寒対策、女性用、フリーサイズ、冬の散歩に最適！」は商品説明に記載することにします。次に素材感やデザインを考えて商品名に加えます。色やサイズなどは記号を付けた後に記載して見やすくしてみます。

「手編みでふわふわ ニット帽子＊レッド＊フリーサイズ」

もちろんどれが正解ということはありません。いくつか考えてみて最もしっくりいく商品名にしてください。

WORK

キーワードを5W1Hで書き出そう。

What：なにを売るのか？＝一般的に認識されている商品名

Who：誰に売るのか？＝性別、年齢、職業など

When：いつ使うのか？＝時間、季節など

Where：どこで使うのか？＝場所、シチュエーションなど

Why：どうして使うのか？＝使う理由

How：どのようなものなのか？＝素材、色、サイズ、形、特徴など

集客

THEORY
033

検索ワードやハッシュタグについて考える。

商品名や商品説明文、ハッシュタグには、
検索されがちなキーワードを
しっかり設定しましょう。

検索需要があるキーワードを設定する

作品をネット上で発表・販売したら、少しでも多くの方にページへアクセスしてもらう努力が必要です。そのために大切なのが「検索ワード」です。一般的にネットショップであれば商品名や商品説明文の中にある用語が検索に使われます。

多くのお客様は検索から商品を探しますが、誰も検索しないキーワードを商品名や商品説明文に入れても、誰も見ることはありません。ですから検索需要がある＝検索しがちなキーワードを設定しなければ意味がありません。

それは、あなたが「検索してもらいたいキーワード」ではありません。お客様が探すだろうキーワードです。この検索需要があるキーワードを、商品名や商品説明文に入れることが重要なのです。またInstagramやTwitterといったSNSではハッシュタグが大切です。みんなが興味を持ってクリックするハッシュタグを設定することであなたの作品を知ってもらう確率が上がります。SNSでのハッシュタグについてはP178でも解説しています。

ただし、アクセスが見込めるからと、商品に関係の薄いキーワードを設定したり、むやみやたらに検索用ワードを商品説明に入れ込むような行為は、ブランドイメージを低下させるので、適切なものを適切な分量盛り込みましょう。具体的なキーワードの探し方は次のページから解説します。

集客

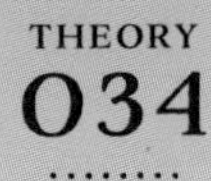

検索ヒット数や関連検索でキーワードを探す。

検索需要があるキーワードを見つける方法は3つあります。
知人に聞く、実際に検索する、ハッシュタグを覗く、です。

検索結果のヒット件数でワードを選ぶ

ひとつ目の方法は、知人に自分の作品を見せて「この商品を探すときにどんなキーワードで検索する？」と聞くことです。この場合には数人に聞いて統計を取ってください。多く出てきたキーワードが、検索需要のあるキーワードといえます。例えば「ニットの帽子」でも「ニット」「毛糸」「手編み」など表現方法は複数思い浮かびますが、どれが一番使う人の多い言葉なのか、リサーチするわけです。

２つ目の方法は、実際にGoogleやYahoo! JAPANで思い当たるキーワードで検索してみることです。検索にヒットした件数が多い方が一般的な表現といえます。

Google よだれかけ
すべて 画像 ショッピング ニュース
約 3,630,000 件 (0.44 秒)

Google スタイ
すべて 画像 ショッピング 動画
約 19,500,000 件 (0.40 秒)

▲「よだれかけ」よりも「スタイ」のほうが多く使われていることがわかります

関連検索ワードも確認する

検索の際に表示される「関連検索ワード」も参考になります。これは、そのワードと組み合わせで検索入力された回数が多いキーワードを表示する機能です。GoogleやYahoo! JAPANでは検索窓の下に自動的に表示されます。これらも注目されているワードといえます。

ハンドメイド作品とは関係のないキーワードも表示されますが、その言葉がどんな風にとらえられているのか参考になります。

また、Yahoo!ショッピング、Amazon、楽天市場の商品検索でも関連検索ワードの機能があります。こちらは商品購入することが目的で入力しているキーワードなので、とても参考になります。定期的に自分の設定しているキーワードを検索してみて、商品イメージとずれていないか確認してみてください。

SNSにつけるハッシュタグも同様です。気になるタグを検索して、ヒット数やどんな内容が出るのか確認し、有用なものを探しましょう。

《 関連検索ワード 》

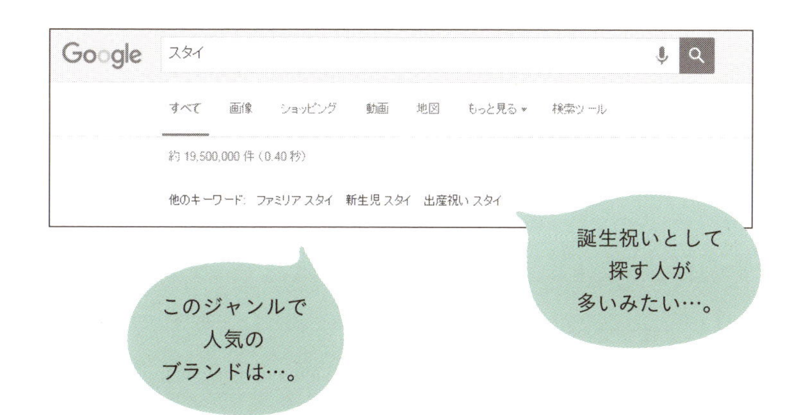

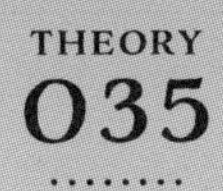

商品説明は特徴を整理してストーリーを作る。

ネット上で商品を売る際に、
手に取れない物の内容を伝えるのが商品説明文です。
特徴を整理してお客様に伝えましょう。

お客様に直接お話するように

商品説明では、サイズや色、素材などの情報と特徴をしっかりと記載します。お客様にあなたの作品を直接説明するシチュエーションを考えてみてください。素材のこと、こだわっているところ、工夫したところ、使い勝手、どんな風に使うと良いのか、取扱についての注意点などを、一生懸命に話すはずです。特に初めてのお客様であれば、熱心に作品への思いも話すでしょう。その内容を商品説明で表現すれば良いのです。

優先順位を付けてお客様にとって有意義な説明を心がける

ハンドメイドマーケットでは写真の掲載枚数に制限があるので文章中心の説明になりがちです。ダラダラと説明するのではなく、特徴を整理して読みやすいように優先順位を付けることが必要です。

スマートフォンのボイスレコーダーを利用して、誰かに説明するように録音したものを書き出すのもひとつの方法です。そのときに、独りよがりな説明になっていないか、知ることでお客様にメリットがあるか？を考えてください。お客様にとって有意義な説明を心がけましょう。

読む流れを意識してストーリー性を持たせる

優先順位を付けた説明は、その順番で読んでもらえるようにページの上部から順番に記載します。説明内容ごとに改行するなど読みやすくしてください。サイズや色、素材などは、箇条書きや表組みにすると見やすくなります。

最後まで読んでもらうには、ストーリー性を作るのがポイントです。「○○○にこだわった」だから「□□□にした」、「○○○を考えた」なぜなら「□□□が◇◇◇◇だから」その秘密は「△△△にある」など、ストーリー性を持たせて説明すると読みやすく訴求しやすくなります。

画像を使う場合も同様で、優先順位が高いものほど、大きく目立つようにして、お客様の目線の動きを意識すると良いでしょう。デザインの自由がきくネットショップならば「まず、これを見てもらいたい、これを伝えたい」「次にはこれを見て欲しい」という主張にもとづいてデザインすることでストーリーが産まれます。ハンドメイド・マーケットの多くは5枚の写真を掲載できます。掲載順を工夫しましょう。

▲だらだら文字が続くレイアウト

▲表を使ってメリハリをつけたレイアウト

▲写真のサイズにメリハリをつけたレイアウト

商品紹介

THEORY 036

情報不足は販売機会の損失と心得る。

ネット上に星の数ほどある商品から
あなたの商品ページを見てくれたお客様。
必要な情報をもれなく伝えましょう。

お客様は簡単にページを移動してしまう

いろいろな集客の努力をしたことで、お客様があなたの作品のページにアクセスしてくれました。そこで読んでもらう商品説明は、十分な情報を記載しなければいけません。わからないことがあるとせっかくのアクセスも購入まで至りません。情報不足は、お客様の購入ハードルを高くしてしまうのです。

お客様は、わからないことや聞いてみたいことがあった場合、すぐに問い合わせしてくれるとは限りません。そっとページを閉じている人も多いでしょう。また連絡をもらえたとしても、夜間であれば、その問い合わせにもすぐに対応できずタイムラグができてしまいます。

インターネット上ではページの移動が簡単にできるので、情報不足があれば、簡単に他の商品ページに移動されてしまいます。一度、他のページに移動されてしまうと、そのまま戻って来ないで他の作品を購入されてしまう可能性が高くなります。つまり、情報不足は販売機会の損失となるのです。せっかく多くの作品の中からあなたの作品を見てくださっているのに、これは非常にもったいないことです。

それを防ぐためには、商品説明のページでも説明した5W1Hが役立ちます。情報不足にならないように心がけてください。また、問い合わせがあったら、回答すると同時にその内容も商品説明に追加しておきましょう。

商品開発

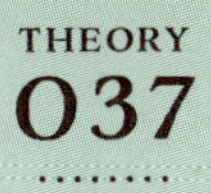

ギフト対応は必ず行う。

ギフトは、贈る人だけでなく、
贈られた人にも商品を知ってもらうきっかけになります。
双方に喜ばれるようなギフト対応を心がけましょう。

ギフト対応は需要を広げるチャンス

ギフト対応は非常に重要です。ハンドメイドのアイテムは、制作個数が少ない限定品であることや、ぬくもりが感じられることから、贈り物に選ばれがちです。特に赤ちゃん用アイテムなどキッズ商品はプレゼントの割合が高くなります。対応しないことで、失われる販売の機会は無視できません。また贈られた相手の方があなたの作品を気に入って、次は自分で購入してくれるかもしれません。

ギフト対応は「サービスの提供」という意味でも大切です。人に何かを贈るときのことを想像してください。贈る相手はあなたの大切な人で、自分が気に入ったものを贈りたいはずです。あなたはお客様に代わって、魅力的な作品を作り、お贈りをするというサービスを行っているのです。お客様はその一連のサービスを含めてあなたのファンになってくれるかもしれません。ですから、より良いサービスについて考えてみるべきです。

ギフトとして贈り先に直接商品を届ける場合は、送り主を「購入してくれたお客様（ギフトの贈り主）」にしたり、依頼された旨を記載するなど、「○○様からのプレゼント」であることがわかるようにしましょう。また、破損しやすい作品の場合には、楽しみにしているお客様が悲しい思いをしないように、対策をしっかり行いましょう。

商品開発

THEORY
038

有料ラッピングも選択肢のひとつ。

ラッピングはとことんこだわりたい部分かもしれません。
でも、梱包資材と作業時間にも
コストがかかるということを忘れてはいけません。

ギフト用の有料ラッピングを用意する

ギフトで重要なのがラッピングです。ギフトは、商品と一緒に贈る人の心を届けるものです。ですから商品選択の大切な要素になります。商品の一部と考えて、あなたの作風にあったものにしましょう。「ラッピング」でGoogle画像検索をすると参考になるでしょう。

ただしラッピングは資材の費用がかかります。また包むのが大変な方法だと、作業時間も取られます。**コスト意識を持って、負担にならない手段を選びましょう**。手もお金もかけず、センスで勝負できればベストです。

ただ、採算度外視でもこだわりたい、という場合は、**通常の簡易包装とは別に、有料のギフト用ラッピングを用意する**、というのもひとつの手です。贈り物で相手を喜ばせたいお客様は、商品が気に入ればその分費用がかかったからといって、購入をためらうことはほとんどありません。有料にして素晴らしいギフト商品に仕上げてください。

簡易包装 手間と材料費を意識する

ギフト包装 贈り物としての魅力を！

商品開発

THEORY
039

ラッピング状態の写真を掲載する。

テキストで「ギフト対応します」と書かれているより
写真付きのほうが数段訴える力が強くなります。

ハンドメイドマーケットなら一商品として掲載

ラッピング後の状態を写真で見られるようにしましょう。どんな状態で相手に届くのかわからない商品をギフトにするのは、躊躇する人もいるからです。ハンドメイドマーケットで使える画像枚数が足りない場合には、ラッピング説明をひとつの商品として登録する方法が良いでしょう。有料ならばそのまま販売ページにすれば良いですし、無料なら展示のみのページにします。また、クリスマスアイテムやバレンタインなどシーズンイベントのギフトに選ばれるようなアイテムは、季節に即したラッピングに対応すると購買率の向上につながります。

制作時間を割いてギフト対応にどれだけ労力を使うかは、ブランドイメージや商品の性質、価値観によってまちまちですが、作品の魅力だけでなく、サービスや人間性も含めてファンになってもらえる努力はすべきです。

《 ギフト対応のポイントまとめ 》

- ギフトを承る旨の記載
- ラッピング状態の写真掲載
- 受け取った相手に作家が
  わかるようなショップカードを同封
- 作風にあったラッピング
- 季節ギフトに対応したラッピング
- 有料でも喜ばれる
  クオリティの高いラッピング

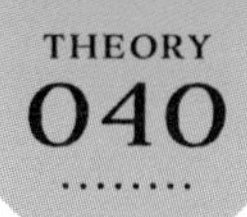

ネームタグ、送り状などの同梱物を見直す。

商品を発送するときには、名刺代わりのショップカードや
取扱い説明書、ちょっとしたメッセージなどに気を配りましょう。

発送時はアピールのチャンス

商品を発送するタイミングは、ネット販売では数少ない**「お客様と接点を持てるチャンス」**です。梱包作業の効率が落ちない範囲で、一緒に同梱するものを工夫してみましょう。

ショップカードでSNSのフォローを促す

まず入れておきたいのが名刺サイズのショップカード。屋号、作家名、メールアドレス、サイトURL、それにSNSのIDは必須です。InstagramやTwitterをフォローしてもらうことは、顧客リストに登録してもらうことに他なりません。スマホで買い物をする人が中心の時代ですから、QRコードを添えるのも手です。QRコードは作成できるWEBサービスが多数ありますので検索してみましょう。

ニュースレターとオリジナルポストカード

使用にあたっての注意事項やオーダーメイドの告知など、お客様に伝えたい情報は1枚のニュースレターとしてまとめて同封します。その他、ブランドイメージが伝わるような、オリジナルポストカードも良いでしょう。部屋に飾ってもらえるような物にできれば、カードを通してショップを記憶してもらえます。実際に飾ってもらえれば来客に対して宣伝ポスターとしても機能します。これらにもSNSのIDを必ず掲載しましょう。

バランス感覚を持つことが大事

手書きでメッセージを添える際は、「商品の価格や希少性と、メッセージの重さ」のバランスを考えます。例えば安価で大量に販売するタイプの商品にぎっしり書き込んだ手紙が同封されていると、お客様も戸惑いますし、効率面でも折り合いません。逆に大型家具などオーダーメイド面の強い商品で、そっけなさすぎるのも考え物です。どのくらい手をかけるべきなのか、バランス感覚を持って判断しましょう。

「おまけ」をつけるときもバランス感覚が大切です。サービス精神旺盛におまけを奮発した結果、送料が増えてしまっては問題です。それならば値引きしてくれたほうが嬉しいと思われてしまうかもしれません。同梱するものが本当に相手にとってサービスになっているのか、見直すことが大切です。

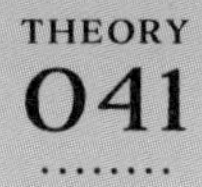

オーダーメイド商品を検討する。

オーダーメイドは作品ラインナップを増やしてくれます
トラブルがないように努め、お客様の声に答えましょう。

お客様の要望に応えるサービス

オーダーメイドには2種類あります。セミオーダーメイドとフルオーダーメイドです。セミオーダーメイドはベースの形は決まっていて、色やデザインなど変更可能な部分をお客様の希望に合わせて受注生産で作ります。作品によってはサイズや素材、名入れにも対応します。一方、フルオーダーメイドは、すべてをお客様の希望に合わせて作ります。

ハンドメイドマーケットではセミオーダーメイドが一般的です。お客様の細かな要望に応えることができますし、選ぶ楽しみにもつながります。オリジナルの1点物、という魅力もあるでしょう。

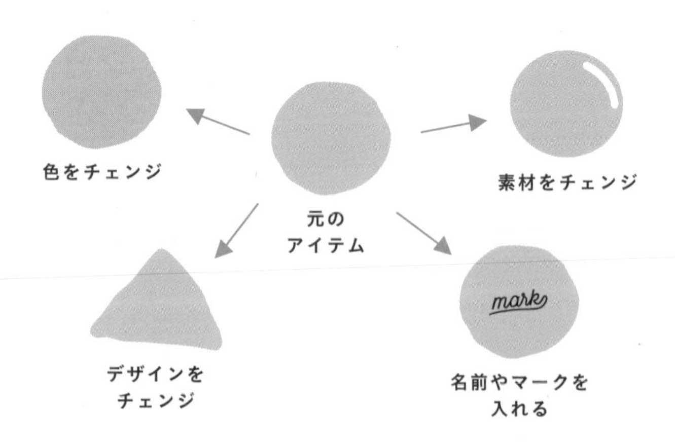

セミオーダーは仕上がりイメージを写真で見せる

セミオーダーメイドの場合には、価格を設定してサンプル写真を掲載します。色や素材などのアレンジがどのような仕上がりになるのかをお客様は心配します。掲載できる写真数には限りがあるので、布地などはチップを並べた写真を使うと良いでしょう。

なおハンドメイドマーケットなど、決済にショッピングカートを使う場合には、その商品はアレンジしても同じ価格でなければいけません。サイズや素材、デザインが違うことによって価格が異なる場合には、別の商品として登録します。もしくは、追加パーツを別の商品として登録し、一緒にカートへ入れてもらうように促します。

フルオーダーはメールで証拠を残す

フルオーダーメイドの場合、お客様は「あなたの作品」を指名してくださっています。ですから注文主は常連さんやファンであることがほとんどでしょう。あなたへの期待にしっかり応えられるように気を配りましょう。

ファンであると言っても、フルオーダーメイドを頼む際にはいろいろと不安に感じることもあるはずです。これまでに作ってきたオーダーメイド作品の写真、価格、納期等、目安になるものを提示しましょう。

また、フルオーダーメイドでの受注は、オーダー内容の確認と承諾が必要になります。言った言わないを防ぐため、そのやりとりは証拠が残るメールを基本にします。電話で打ち合わせした場合でも、確認のメールを出してください。証拠として残すことで、納品後のトラブル防止にもつながります。

《 メールで確認・承認のフローを 》

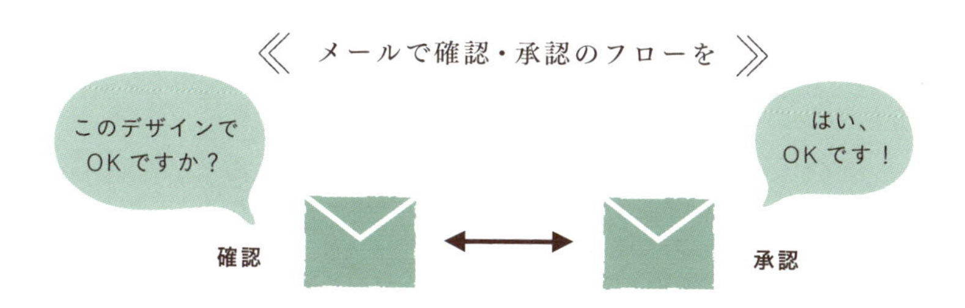

THEORY 042

再販と新作、それぞれの定義を決める。

再販と新作は定義を作り、どのように位置付けるかを
考えてください。それぞれに意味を持たせましょう。

新作の定義は何？

作品の販売には、以前から販売していた作品を継続して販売する場合と、新しく作った作品を販売する場合があります。いわゆる再販と新作です。再販も新作も、それぞれに意味を持たせて販売しましょう。

まず、再販と新作の定義を自分なりに決めてください。例えば、再販は販売して３か月以内に売れて、その後在庫がなくなり売り切れた商品、新作は販売して３か月以内の商品、という感じです。その定義があれば、お客様から再販と新作の表記について問い合わせがきたとしても返答できます。その定義を掲載して、表記に説得力を持たせて信用にもつなげる方法もあります。

《 定義を決める 》

新作	再販
販売開始から３か月以内	販売開始から３か月以内に●個以上売れたら再販する

商品名に「再販」「新作」と記述する

商品名には、「再販」「新作」がわかるようにします。より説得力を持たせるためには、「人気商品の再販」「この春の新作」などとします。商品説明には「販売後すぐに売り切れてしまった人気の商品です。皆さんのリクエストにお応えして新しい素材を使って再販します」「この春のトレンドを取り入れた新作です」など、より具体的に掲載するとこで商品価値を高めることができます。「再販XX」と再販回数を入れることで、その商品が多くの人が購入した実績を持つことを示すこともできます。

再販の受注生産で販売機会を逃さない

再販については、もうひとつの考え方があります。それは、売り切れてもSOLD OUTではなく再販商品として受注生産にする、という方法です。材料を仕入れられて、同じ作品を作ることができるのであれば、在庫がなくても再販扱いにすることで、受注生産品として注文を受けられます。これは販売機会を失わないためには必要な施策です。

バージョンアップ商品として販売

再販とは少し異なりますが、過去の作品を改良して販売する方法もあります。「デザインは良いけど、この部分がもうちょっと丸ければ使い勝手が良くなるのに……」といった購入者の声を取り入れます。それによって購買に結びつく可能性が高まります。

《 再販の種類と考え方 》

1	2	3	4
人気で売り切れてしまった商品の対応	感想や要望を受け入れた改良商品の販売	新しいバリエーションへの対応	受注生産としての再販

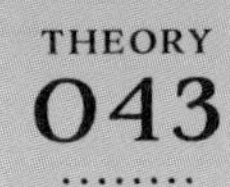

商品開発

トレンド（流行）は
定番商品ができてから取り入れる。

トレンドを意識することも大切ですが、まずは技術を磨いて
自分の作風をしっかり作り上げることが最優先です。

自分の作風がしっかりあってこその「トレンド」

トレンドを意識して作品を作ることは、その時代の需要を引き寄せ購買率を上げるためには必要です。しかし、流行を意識しすぎると、それを追うことが目的になってしまいます。もし売れたとしても、流行っているから売れただけで、流行りがすぎたら何も残らない……といったこともありえます。

基本となる技術のベースができていて、自分の作風がしっかりあってこそ、トレンドというエッセンスが活きてくるのです。まずは自分を磨き、作家としてスタイルを確立することが先決です。

作風をしっかり表現できるのは定番作品

トレンドに相反するのが定番です。作家が持つ作品への思いとクオリティ、そこにコンセプトが加わり作風となります。その作風をしっかり表現できるのが定番作品です。流行に左右されず、ロングセラーになるようなベーシックな主力商品にできれば最強です。

今まさに売れている「現在進行形」と少し先に流行るだろう「先行形」

作家として自信がついたら、トレンドを意識した作品を作ってみてください。おそらく、流行を上手に反映しながら、自分のスタイルを崩さない作品になるはずです。

トレンドには、今売れている現在進行形と、少し先に流行るだろう先行形があります。現在進行形は、ランキング等で売れ筋を把握して、そこから今売れているものをリサーチすることで見えてきます。このタイプの商品は商品名に「今売れている、流行っている」といったキーワードを入れます。

一方、先行形は、トレンドの発信源となる雑誌や海外のファッションショーなどのメディアに注意して、そこからハンドメイド業界で次になにが流行するかを読み取る方法です。この場合、商品名に入れるキーワードは「今年のトレンド」です。このようにトレンドを組み入れた作品であることを伝えることも必要です。

《 世界の最新ファッションに注目してみる 》

ファッションに関するニュースが集まる「ファッションプレス」
www.fashion-press.net

ハイファッション誌VOGUEのサイト
「VOGUE JAPAN」 www.vogue.co.jp

納品

THEORY 044

納期は「確実な日数＋数日」で設定する。

オーダーメイドなどの受注生産の場合、
納期の設定が重要です。

受注生産は余裕を持って

オーダーメイドは、注文をいただいてから作る受注生産です。納期の目安を掲載してください。納期は「○日〜○日」や「○週間程度」としてしても構いませんが、最短日の日にちでも確実に作れるよう設定します。ハンドメイドに限らず、締切を守れない人は売れっ子のプロにはなれません。あらかじめ余裕を持った日程を設定します。

もし設定日数より早く仕上がったとしても、それは心待ちにしてくださっているお客様にとって、プラスの出来事です。反対に最長日もしくはそれ以上となると、誰でもストレスを感じます。それを踏まえて守れる納期を設定してください。

子どもが小さい等、不安要素がある場合は、その旨あらかじめ記載するのも手です。またオーダーが入り過ぎてさばけなかったり、対応できない期間が生じる場合は、一時注文をストップするなど実現可能な予定を組みましょう。

納期に遅れるのも問題ですが、連絡なく遅れるのが最悪です。間に合いそうもない場合には、わかった時点でお客様に誠意をもって連絡しましょう。

なお、なにかの理由で納期より早く欲しいお客様もいるので、「お急ぎの方は可能な限り対応いたしますので、ご相談ください」と記載しておくと親切です。

PART 3

THEORY

045~066

········

商品撮影＆お金管理編

THEORY 045

ピックアップ商品に選ばれるために、写真にこだわる。

ピックアップ商品に選ばれる確実な方法はありませんが、
メインの商品写真が魅力的であることは必須条件。
スタッフの目を留めましょう。

スタッフが選んでいることがポイント

ハンドメイドマーケットにおいて、トップページの「ピックアップ商品」に掲載されることは大きな意味があります。購買につながる重要なポジションであり、誰でも掲載してほしいと思うでしょう。では、このピックアップに選ばれて掲載されるにはどうしたら良いのでしょうか？

結論から言えば、商品の選定は、それぞれのハンドメイドマーケットのスタッフが決めているため、何をどうすればという明確な答えはありません。しかし、機械的にではなく、スタッフ＝目利きの人間が選んでいる、ということが最大のヒントになります。

紹介したい魅力的な作品であること

もしもあなたが選ぶ側だったら、どんな作品をピックアップしたいですか？サイトの顔であるトップページを飾るのですから、「みんなに紹介したい魅力的な作品」を選びたいと考えるはずです。またハンドメイドマーケットによっては、シーズンイベントに合わせ、特集ページを設けているところもあります。そんなページを彩る、季節感のある商品を考えてみても良いでしょう。選ぶ側の気持ちになって、魅力的な商品、写真を用意しましょう。

《 こんな作品を紹介したい… 》

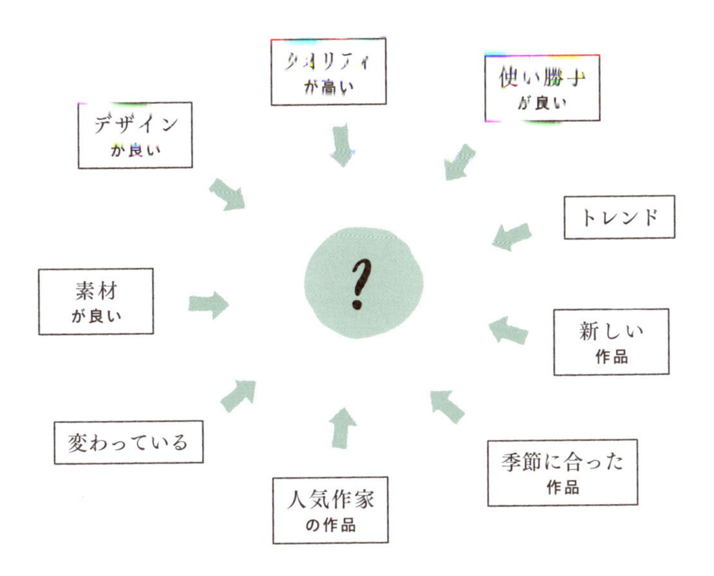

1枚目の商品写真が鍵

ハンドメイドマーケットには、毎日、数多くの作品が新規掲載されます。どんなに魅力的な作品だったとしても見つけてもらえなければ選ばれることもありません。そこで、最初に表示される商品写真の1枚目が鍵を握ります。メインの写真が目立てば、作品を見てもらえるきっかけとなります。同じカテゴリーの写真と比べて、作品のクオリティが高いだけでなく、目立つ商品写真を使用することが、ピックアップされるための第一条件といえます。

《 目立つ商品写真とは？ 》

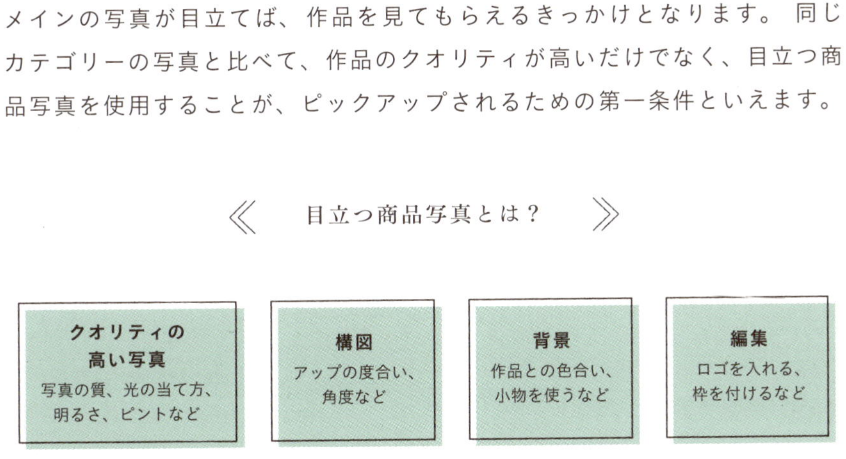

写真

THEORY
046

先行投資するなら、一眼レフカメラと単焦点レンズを買う。

商品写真のクオリティは非常に重要。
先行投資する余裕があるなら、
迷わず、カメラとレンズにお金をかけましょう。

写真は良くて当たり前。質が劣れば見てももらえない

数多くの作品の中で目立つには、写真のクオリティが大切だと前ページで説明しました。しかし現代は、高性能のスマホも普及し誰でもそれなりにきれいな写真が撮れる環境にあります。その中で写真の質が低いとクリックすらされず、作品を見てもらえません。クオリティがそこそこ高くて当たり前、劣れば見てもらうこともできないと思って間違いありません。

単焦点の明るいレンズをひとつ買う

そんな中で差を付ける手っ取り早い方法は、「先行投資として、デジタル一眼レフカメラと、いいレンズを買う」ことです。身もふたもないアドバイスに聞こえるかもしれませんが、これが一番の早道です。本格的に写真の勉強をするのももちろん良いのですが、その時間は作品のクオリティアップに当てましょう。

オススメは単焦点の明るいレンズを買うこと。F値と呼ばれる数値が小さいものは、室内でも明るい写真を撮ることができ、ハンドメイド作品撮影では重宝します。背景のボケもきれいに撮れるので、雰囲気がよく見えます。

もちろんスマホできれいな写真を撮っている作家さんもたくさんいます。でも思うように撮れないな……と思ったら機材を見直すのも一案です。

THEORY 047

「三分割法」「日の丸構図」「水平・垂直」をマスターする。

機材の次に考えるべきは、写真の構図です。
最低限意識すべきポイントを解説します。

分割線が交わるところに作品を置く

構図には基本があります。その基本知識を身につけて、商品の魅力が正しく伝わるように工夫してみましょう。商品写真で最低限覚えておきたい構図の基本は「三分割法」です。画面を縦に三分割、横に三分割して線を引きます。その線が交わった部分に被写体を置くとバランスが取れ、自然と被写体に目が行く構図になります。

《 三分割法 》

日の丸構図は垂直・水平をきっちりと

もうひとつは「日の丸構図」。中央に被写体を置いて撮影します。オーソドックスですが、シンプルで見やすい商品写真になります。日の丸構図で撮るときに注意すべきなのは、水平・垂直のラインが斜めにならないようにすること。作品を置いている台も写すなら、台のラインがきっちり水平になるように、カメラのガイドに合わせて撮ります。

小物の場合は、作品全体を真上から撮影して、日の丸構図にしてみましょう。その際も、縦と横のラインが斜めにならないように気を付けます。きっちりと俯瞰で撮るには三脚があると便利です。真下に向けてカメラを固定できるので、たくさんの小物を撮影するときにも役立つでしょう。

この垂直・水平がとれているだけで、商品写真のクオリティは一気に上がります。

《 垂直・水平を正しく 》

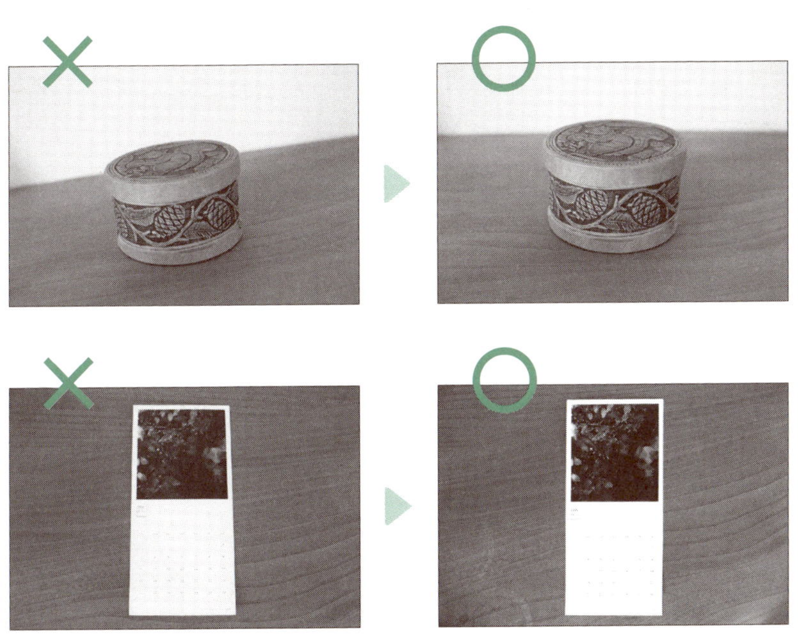

THEORY
048

自然光で撮るなら、晴れた日の午前中を選ぶ。

商品写真では光をいかにコントロールするかがとても大切です。自然光だけで撮る場合は、天気と太陽の位置を考え、良い環境を選びましょう。

晴れた日の午前中、窓際でレースカーテンごしに撮る

室内の自然光で撮る場合、できるだけ明るい環境にすることが大切です。光が足りないと手ブレの原因になりますし、意図しない暗い写真は良いイメージを与えません。ですから、撮影には晴れた日を選び、太陽の位置が低い午前中に作業します。場所は光の入る窓際が良いですが、直接光があたると影が強くなってしまうので、窓にレースカーテンをして光を拡散させます。こうすることで実際の見た目に近い自然な色調で撮影できます。

自然光で撮るときは、撮影する場所、時間によって仕上がりが大きく変化します。いろいろなパターンで枚数をたくさん撮影し、イメージに合ったものができるまで粘る、というのも大切です。

▲窓からの光を布で拡散させ、逆光気味の状態でカメラの露出を明るく補正する

THEORY 049

ライティングは色味が変わらないよう選ぶ。

自然光だけでは思うように撮れないときは、
ライティングを追加しましょう。光には色味があるので、
商品の色味を損なわないように選びます。

電気スタンドは白色電球＋パラフィン紙で

自然光で明るさが足りないときにはライティングを工夫します。器材を揃えるに越したことはありませんが、家庭で使用しているスタンドライトを利用しても撮影可能です。電球は「昼白色」など白色系のなるべく自然光に近い色味のものを選びます。あたたかいオレンジ色の電球は、商品の正しい色味がわからなくなる原因です。また、ライトの光はそのままでは影が強すぎるので、パラフィン紙をライトの前にぶら下げて（あるいは巻いて）光を柔らかくして使用しましょう。

カメラ側でホワイトバランスを設定・補正する

光の色を正しく補正する機能を「ホワイトバランス」と言います。デジタルカメラでは「白熱灯」「晴天」など光の状況に合わせてホワイトバランスを設定できるので、正しく映る設定を探しましょう。色味が変わってしまった場合は撮影後に補正しましょう。iPhoneでは写真の編集から「色かぶり」という項目で色味を補正できます。

写真

THEORY
050

サブの写真は、何を説明するための写真なのかはっきりさせる。

商品の写真は漠然と枚数を増やさず、
何を伝えるカットなのか考えます。

形・大きさ・色・素材・細部・機能を伝える

ハンドメイドマーケットでは、商品一覧で表示されるメイン写真のほかに、サブの写真を追加できます。minneであれば、メインカットのほかに4枚まで写真をアップできます。この説明写真で正しく商品についての情報を伝えましょう。伝えたいのは以下のような点です。「思っていたイメージと違った」と言われないよう気を配りましょう。

形	→	正しい商品の形を伝えるために全体を正面から撮ったカットを。
大きさ	→	比較対象物(手や人物、グラス等)を入れて、さりげなく大きさを伝える。
色	→	実物の色と違う色になってしまった場合は色を補正して正しく伝える。
素材感	→	生地の素材感などが伝わるようにアップで撮影する。凹凸がわかるよう角度を付けるなど工夫する。金属や透明なものも質感がわかるようなカットを。
細部や機能	→	例えば裏地やタグはどうなっているか、ブローチの留め金はどうかなど。
使用イメージ	→	洋服やファッションアイテムはモデルの着用イメージがあると良い。コーディネイトの提案も効果的。

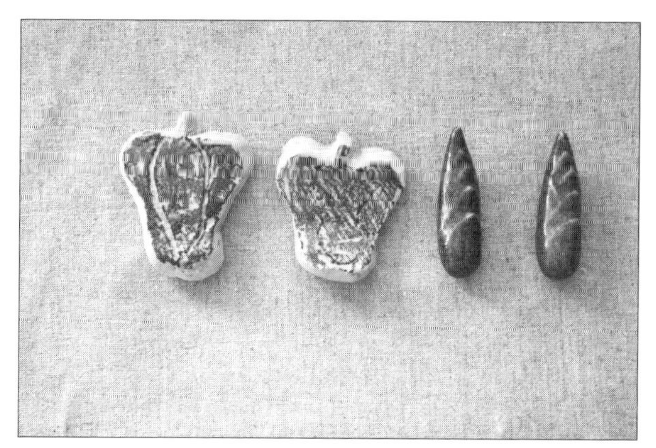

▲オーソドックスに商品全体を真正面から押さえたカットを。形がゆがまないよう注意

▲みんなが大きさを知っているものや手などを入れて大きさを伝える

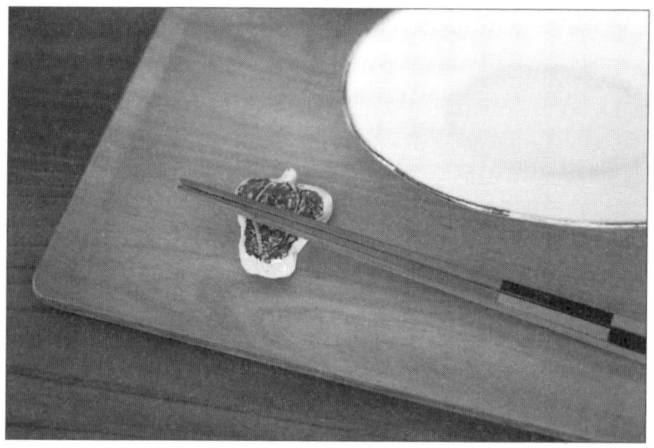

▲商品のある暮らしや、着用したイメージ、提案したいコーディネイトを見せる

写真

THEORY
051

背景や小物のスタイリングで世界観を伝える。

背景や小物をスタイリングして、
あなたが価値を感じている
世界観やライフスタイルを表現しましょう。

あなた自身がスタイリストになって表現する

あなたが持っている世界観や、商品を手に入れることで得られる幸せなイメージを写真で伝えてみましょう。それなりの工夫と手間がかかりますが、やるだけの価値は十分にあるはずです。

まずはあなた自身がスタイリストになって、どのように表現するかを考えなくてなりません。作風に合う背景や小物、より素材感をアップする演出、ロゴの有無などを決定していきます。

小物を使って雰囲気を作る

小物は、雰囲気作りや使用イメージを伝えるために利用します。イスや皿、布などの上に置くとか、花や葉を添えるといった方法がポピュラーです。使用するアイテムの雰囲気が全体のイメージに影響するので、作風にあった雰囲気のものを使用してください。コツとしては、「アイテムから連想される国」を統一することです。例えば北欧テイストの作品ならば、使う小物も北欧のものにする、といった具合です。さらにフランスならアンティークではなく最新モード、チェコなら古い絵本の世界、和風なら大正モダン……といったように時代も統一させてイメージを膨らませていくと楽しく撮影ができるでしょう。

背景はいくつかのパターンを用意する

背景用の布やロール紙を用意します。背景は作品の色と雰囲気にも関係するので、いくつかのパターンを持っていると便利です。シンプルな白や、作風に合う色味の淡い色の紙や布、落ち着いた木目のテーブルなどが使い勝手が良いでしょう。ジュエリーなどの作品は、ガラス板を使うことで反射（映り込み）を使って表現すると効果的です。赤や青などビビッドな色は主役である作品が目立たなくなってしまいますのでやめましょう。

すてきな自宅にお住まいなら、家の中の壁紙や床、外壁などを背景に使っても良いでしょう。作家のライフスタイルにあこがれてファンになる、といったことも考えられます。

▲小さなビンをフランス・アンティーク風にスタイリング

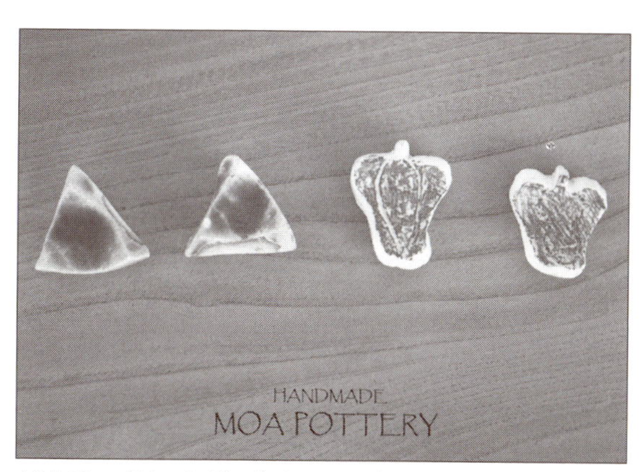

▲あえてシンプルなスタイリングにしてショップロゴを掲載した例

写真

THEORY 052

「商品を買うと手に入る すてきな暮らし」を見せる。

利便性や機能性だけでない、
あなたの商品にまつわる物語を伝えましょう。

心を動かすシチュエーション写真

商品写真では、シチュエーション（使っている感のある）写真が有効です。鞄なら手に持っている写真、ジュエリーなら身に付けている写真です。お客様は、使っている自分を想像できるので、購買意欲を刺激されます。

ここで考えるべきなのは「あなたの商品があったら、日々の暮らしにどのようなしあわせがプラスされますか？」という点です。ファッションアイテムなら雑誌のようなおしゃれな着こなし、食器ならカフェのようなすてきな食卓、子どもグッズなら子どもの笑顔……といった具合です。物語を考えるように、あなたの作品から生まれるしあわせなストーリーを紡ぎましょう。

《 作品から得られるのは… 》

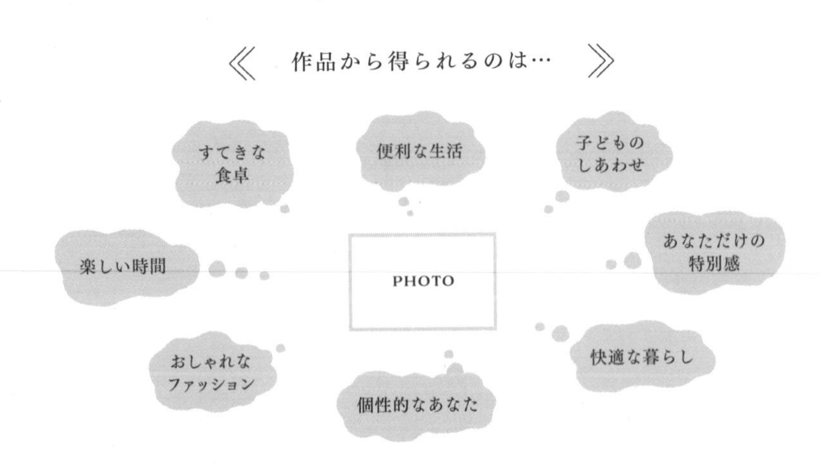

WORK

あなたの作品から得られることを、物語として書いてみる。

あなたの作品はどんなものですか？

例：陶器でできたあたたかみのあるマグカップ

あなたの作品はどんなシチュエーションで使われますか？

例：寒い冬の朝、お気に入りブレンドのコーヒーをゆっくりドリップ。マグカップに入れて、おいしいパンとともに、丁寧な朝ごはんタイム

シチュエーションを写真で表すにはどんなシーンがいい？

例：おしゃれな食卓に置かれた商品

どんな演出をする？

例：

- 実際にコーヒーを入れたカットも入れてみては？
- 女の人の手がマグカップを包み込むようにした写真？
- 朝食をイメージできるようにおしゃれなパン屋さんのバゲットを入れては？
- 朝の光をイメージして明るく…etc.

写真

THEORY
053

色調・明るさ・トリミング・ロゴで仕上げる。

撮影した後は、画像編集ソフトを使って写真を仕上げます。

最後の仕上げが大切

撮影した写真をそのまま使用するのではなく、画像編集ソフトを使って、色調や明るさを調整しましょう。トリミング（画像の切り取り）をして全体の大きさを調整することも必要です。最後の仕上げで印象が大きく変わります。

また、ロゴや屋号を配置するのも良いでしょう。ショップイメージにあったフォント（書体）を使えば、あなたの作品としての主張を強めることができます。アルファベットのフォントはフリーでいろいろなものがネット上で入手できるので探してみましょう。また、見せたい写真が多すぎるというときは、複数のカットを見やすくコラージュするという方法もあります。

編集ソフトについてはP112をご覧ください。

MARI'S WORK　Mari's Work

Mari's Work　Mari's Work

Mari's Work　Mari's Work

▲フォントによって受けるイメージがまったく違ってくる

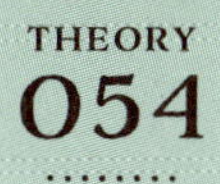

ステップアップしたいなら、思い切って写真はプロに頼む。

ある程度売り上げが立つようになり、
ブランドとして飛躍したい。
そんな勝負のときを支えてくれるのも「写真の力」です。

カメラマン、スタイリスト、モデルを使う

趣味のお小遣い稼ぎから、本業の作家へ。ステップアップを図るときには、思い切ってプロのカメラマンやスタイリスト、必要ならモデルに仕事を頼むというのもひとつの手です。いいなと感じる写真を撮っている人をInstagramなどで探し、思い切ってコンタクトを取ってみてはいかがでしょうか。

カメラマンもスタイリストも、もちろんいろいろなレベルの人がいます。到底頼めない金額の売れっ子もいますし、あなたと同様、これから売り出していこうという人もいるでしょう。たとえ駆け出しでも、あなたの世界観に共感してくれるカメラマンさんが見つかれば最高です。

サイトのトップ写真や定番商品、コレクションのカタログなど、ブランドの顔となる写真は、思い切って撮ってもらう。プロを相手にディレクションをする必要も出てきます。これは遊びではなく仕事なのだと決意するきっかけにもなるはずです。

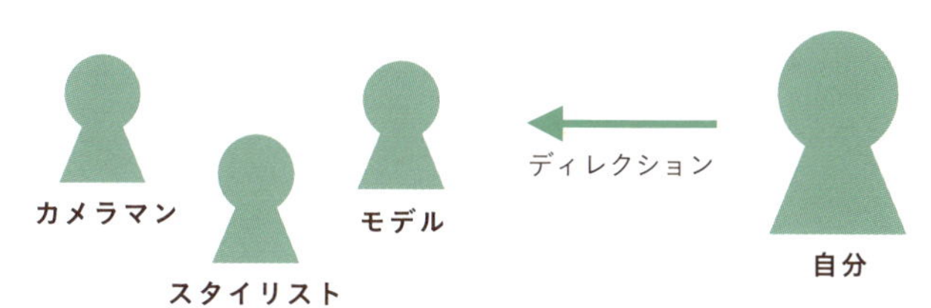

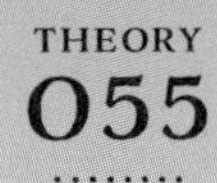

商品の「適正価格」は
3つの基準から考える。

商品価格設定は誰しもが悩むところですが、
客観的に算出すれば適正価格が見えてきます。

3つの基準を目安に総合的に判断する

作品を「いくらで販売すべきか？」は非常に悩むところです。価格を設定するための方法もいろいろあり、自分の作品の適正価格がいくらなのかは非常に難しい判断になります。利益よりも作ること・売れたことの喜びを優先する人の場合には、原価や作業時間を度外視した価格を考えてしまうかもしれません。しかし、プロとして作品を販売する以上、利益が得られなければ結果として継続した販売活動はできません。

そこで、3つの異なる基準で価格を算出して、総合的に判断し価格設定することをおすすめします。

1

客観的な商品価格
（作品価値基準）

作品価値から価格を算出します。知り合いに「いくらだったら購入するか？」を評価してもらいます。数人から聞き取り、平均的な価格を出します。

2

標準的な商品価格
（市場価値基準）

市場価値から価格を算出します。同じ種類の作品がいくらで販売されているのかを調べ、平均的な価格を出します。

3

コストを計算した商品価格
（コスト基準）

制作にかかるコストから価格を算出します。原価やコストの考え方はP160で解説します。

適正価格の総合的判断

GOOD!

客観的な価格	標準的な価格	コスト計算した価格	評価
↓	↓	↓	安価で作品価値、市場価値、コストのバランスが取れています。類似商品に合わせた標準的な価格を設定します。
↑	↑	↑	高価格で作品価値、市場価値、コストのバランスが取れています。類似商品に合わせた標準的な価格を設定します。
↑	↑	↓	作品価値、市場価値から少し低い価格で販売するとお得感が出ます。コストが低い分、利益が確保できます。

BAD!

客観的な価格	標準的な価格	コスト計算した価格	評価
↓	↓	↑	お金をかけ過ぎです。コストを見直し、作品価値、市場価値に合わせた価格で販売します。
↓	↑	↓ or ↑	あなたの実力不足です。作品の価値が一般的な商品ジャンルのレベルに達していません。もう一度、技術面を磨いて作品クオリティを上げることを優先すべきです。

価格設定

THEORY
056

「松竹梅理論」一番売りたい物は「竹」にする。

商品価格とラインナップは購買心理に
影響します。「松竹梅理論」を上手に取り込んでみましょう。

心理学を利用したラインナップ作り

適正価格を算出できたら、商品ラインナップを考えてみましょう。そこで役に立つのが「松竹梅理論」です。お寿司屋さんなどのメニューにある「松」「竹」「梅」設定にあるように、一番安い「梅」を選ぶとケチだと思われる、かといって「松」では贅沢でもったいないという心理が働き、結果として真ん中の「竹」を選ぶというものです。

心理学を利用した価格設定ですが、ハンドメイド作品でも当てはめることができます。例えば、同じジャンルの作品3つの価格を「1,000円」「2,000円」「5,000円」に設定したとします。一般的にお客様は「安い作品より高い作品の方がデザインや素材が良いはず」と考えます。そのため、最も安い「1,000円」の作品は選びにくい傾向となり、「5,000円」の作品については高額である理由が明確でない限り選びません。結果として「2,000円」の作品を選ぶ人が多いことになります。

最も売りたい作品は「竹」に

このテクニックを取り入れ、最も売りたい商品は、「松竹梅」の「竹」に位置させます。売りたい商品とは、あなたのブランドの顔となる定番商品であると同時に、手間や原価を抑えた利益の出る商品であればベストです。

価格設定

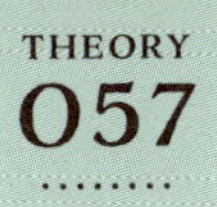

「松」の価値をしっかり作る。

一番高い価格の商品＝松の商品を購入してくれるあなたのファン。
付加価値を用意して納得させる物作りを心がけましょう。

お客様によって異なる購買心理

「松」「竹」「梅」のラインナップは、お客様によって効果が異なります。あなたの作品を購入したことがない初めてのお客様は、あなたや作品を良くは知らないので、価値を評価を判断するのが難しい状態です。その場合、人はセオリー通り「竹」を選ぶ傾向にあります。

逆にあなたの作品を購入したことがある人やファンの場合には、異なる心理が働きます。あなたや作品の価値をわかっているので、その理由が明確で価値を感じれば、高額な作品を選ぶ傾向となるのです。つまり、価値があると思えば高い価格でも購入してもらえるのです。

松には松の付加価値を

ハンドメイド作品で設定する**「松」「竹」「梅」のラインナップで気を付けるべきは「松」の商品価値です**。大量生産の商品の場合、最も高い商品はコントラストを付けるためだけの存在、という場合もあります。しかしハンドメイド作品の場合、あなたのファンが購入する可能性が高いので、**「松」は価格以上の価値のある作品を用意すべき**です。ラッキーで「松」を売るのではなく、「松」の価値をしっかり作ってお客様にアピールする、提供するということが必要となります。

価格設定

THEORY
058

売り上げを増やすには「合理的に薄利多売」より「高価格化」。

売り上げを増やすことを目標とした場合、
進むべき方向は「たくさん売る」か「高く売る」のいずれかです。

自分で作って売る、というビジネスの壁

目指す作家の定義を「ハンドメイドの売り上げだけで生活できるようになる」ことだとして、月額30万円の売り上げ（原価率を50％として、利益が15万円）を目標額としてみます。

例えばひとつ500円のものを売っているとしましょう。目標金額の達成には月に600個売る必要があります。1日20個売る計算です。ひとつ作るのに30分として1日10時間。寝る時間を削って作って発送して……これが現実です。

ハンドメイドは「自分が手作りした実物を売る」というビジネスである以上、作れる数に限界があります。しかし、同じものを繰り返し大量に作る、材料や作業のムダを省いて商品バリエーションを増やす、といったことで合理的な薄利多売を追及する道は存在します。

「売り上げだけで生活したい」なら高価格化を考える

薄利多売でも目標をクリアできて、自分の生活リズムに合っているなら、何の問題もありません。しかし目標金額が高い場合は、販売価格を高くして利益率を上げるのが現実的といえます。とは言え、高くして売れないのでは意味がありません。高価格化については次ページ以降をご覧ください。

価格設定

THEORY
059

自分を卑下して安価に設定するのをやめる。

高価格化を考えるときに、
一番初めにネックになりがちなのが「あなたのマインド」です。

「価格＝商品価値＝あなたの価値」

日本人は奥ゆかしいので、「私なんてまだまだです」と価格を安く設定する傾向があります。自己評価の低さがそのまま価格の低さになっているのです。しかし商品価格は、そのまま作品価値として評価されます。それは、作家としてのあなたの価値ということを意味します。それを常に頭に置いて制作をしてください。千円の商品しか作れない作家と3万円の商品を作る作家とでは、その評価は大きく異なります。もちろん、技術もないのに高額な商品を作れという意味ではありません。その価格に見合う技術と作品価値を作っていく必要があるということです。その**向上心がない限り、作家としては前に進むことが出来ません**。「自分の作品を購入してくれる人がいる」「作家として評価してくれる人がいる」ということは、「より良い作品を作りたい、お客様に届けたい」という思いが湧くはずです。その期待に応えるためにも、作家としてグレードアップするよう努力してください。

《 こんな考えはNG 》

私なんて
まだまだ
なので……

高くして
売れなかったら
恥ずかしい

安いから
ダメな商品でも
許される

価格設定

THEORY
060

価格にあった売り場を選ぶ。

あなたの作品をいくらで売るのかが決まったら、
その値段とブランドイメージに合った
販売場所を探しましょう。

価格は売られる場所でも印象が変わる

学校のバザーでひとつ2万円の指輪があったら、あなたはどう感じますか？高いと感じる人が多いのではないでしょうか？でも百貨店のアクセサリー売り場で同じような指輪が2万円で売られていたら、高くは感じなかったりします。このように物の値段は売られる場所によって印象が変わります。

百貨店に行くとき、人は高級でも良い物を求めて出かけますし、バザーでは良いものが安く入手できるかも、と考えます。それはインターネット上でも同様で、高くても良い物はこのサイトで、激安品はこのショップで探す……といった行動を取っています。ですから、あなたの作品を高く売りたいのなら、そのブランドイメージを損なわないショップで販売しましょう。

また、ハンドメイドマーケットでも、minneよりはiichiの方が商品単価が高い傾向があるなど、集まる人が求めているものが異なります。自分の未来のお客様はどこにいるのかを、トライ＆エラーをしながら見極めましょう。

《 お客様が求めるのは…… 》

百貨店
高くても良質なもの

雑貨店
ショップイメージにあったもの

バザー
安くてお買い得なもの

価格設定

THEORY
061

先に値段を決め、
それにふさわしい作品を作ってみる。

価値を高めるためにスキルアップの努力を続けましょう。

「商品価格＝価値」を高める

みなさんは作品ができてから、それに見合う価格を付けることが多いのではないでしょうか。でも、商品価格を先に設定してそれに見合うだけの商品を作る、という考え方もあります。

「商品価格＝価値」を高めるには、スキルアップが必要です。それには地道な努力も要ります。すべての商品にそれだけの労力を割くことは難しいでしょう。でも常にひとつは努力目標を持って試作を続けることが、作家としての視野を広げてくれます。もちろん自信の持てるものができれば量産して、商品ラインナップを広げることにもなります。そして結果として作家の価値を高め、グレードアップすることにつながるはずです。

スキルアップはひとつひとつ階段を上っていくようなもの。技術の積み重ねに2段飛びや3段飛びはありません。ある意味、作家は職人です。基本としっかりとした技術がなければ、その価値は薄っぺらなものとなってしまいます。

何かの偶然で作品がたくさん売れたり、高額な商品が売れることもありますが、それを疑うくらいの謙虚さで制作に励んでください。以前の自分の作品を見てその作品が幼く感じたら、それは自分がスキルアップしている証拠。自ずとお客様が感じるあなたの価値も上がっているはずです。

プロとして「原価」を意識する。

商品を作ってお客様に届けるには、
さまざまなコストがかかります。
原価について考えることは基本中の基本です。

そもそも原価とは何か

原価とは作品を作って販売するのにかかる費用のことです。ハンドメイド作品の場合、材料費＋（作業時間×あなたの時給）が直接原価、販売するための撮影や作業費、梱包材や消耗品費が間接原価となります。

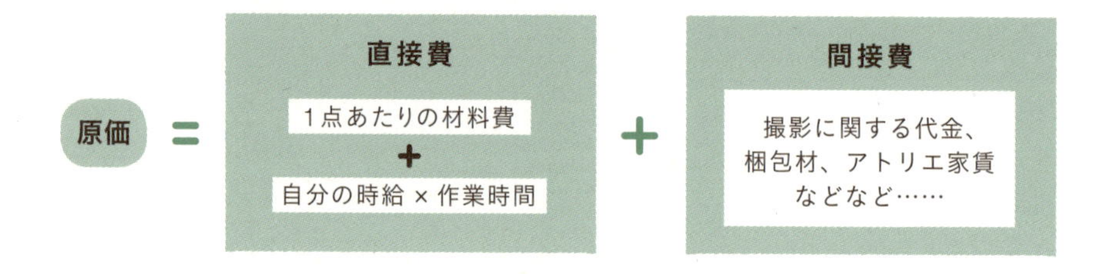

良い作品を作り届ける中で原価とも向き合う

商品を作るには材料が必要です。それを梱包する資材も必要です。制作にかかる電気代もあるでしょうし、作業に対する人件費も考えなければいけません。これらはすべて原価となります。

原価が低ければ、その分商品価格を下げることができます。価格据え置きであれば原価を低くすれば利益が増します。しかし、原価を下げることを優先してしまうと、良い作品を作り届ける（購入してもらう）という目的がずれてしまいます。軸はぶれることなく、原価とも向き合うことが必要です。

原価計算をしてみよう。

商品名

販売価格

販売目標数

原価率

原価合計

委託サイトの掛け率

1点あたりの利益

1点あたりの材料費合計

材料名	価格	いくつ作れるか	1商品あたりの価格
小計			

1点あたりの人件費合計

自分の時給	ひとつあたりの制作時間	1点あたりの自分の時給
外注費		1点あたりの価格
小計		

その他経費合計

	価格	いくつ作れるか	1商品あたりの価格
撮影に関するコスト			
梱包に関するコスト			
アトリエ維持や通信費			

投資した機材	価格	いくつ作れるか	1商品あたりの価格

この表はエクセルのファイルとしてダウンロードすることができます。
必要な数値を入力すると原価率やいくら利益が出るかを自動計算してくれます。
詳しくはP218をご覧ください。

コスト管理

THEORY
063

より良い材料仕入れ先を探して原材料費を下げる。

ハンドメイドの場合、
コスト削減でまず考えるべきなのが原材料費。
仕入れ先を見直しましょう。

複数の仕入れ先を検討する

素材の質を落とせば原材料費が下がりますが、それでは作品のクオリティも下がってしまいます。質を担保しつつ原価を下げる方法を工夫します。質を落とさないで原材料費を下げるには、同じ物をより安価に仕入れるしかありません。そのためにはまず、仕入れ先を見直します。そこだけしか扱っていないという珍しい材料はほとんどありません。実店舗、ネット店舗、知り合いの卸先など、仕入れ先はたくさん見つかるはずです。仕入れるを増やすことで単価が下がらないか等、仕入れ条件によっての価格を交渉してみるべきです。配送費用、納期等を考えると、近くの実店舗（卸先）が最も便利な場合もあります。また、仕入れ先とはできれば長く付き合いたいものです。良い関係が築ければ新しい素材や作品作りに役立つ情報を教えてくれるかもしれません。そのような視点でも考えてみましょう。さらに同じ材料を使い続けたい場合には、安定供給できるかもポイントにしてください。

《 原材料費の見直しポイント 》

総合的に選ぶべき仕入れ先は？

仕入れ量を増やし単価を下げられないか？

材料のムダや過剰在庫はないか？

何度も使う材料は安定供給可能か？

THEORY 064

「自分の人件費」をないがしろにしない。

趣味を本気で仕事にするためには、「ただ働き」は問題外。
自分の人件費＝利益を上乗せして
継続的に制作・販売していきましょう。

作家としての自信と、客観的評価で自分の労力を算出する

人件費は、あなたの労力に対する賃金です。趣味を楽しんでいた時間をお金に換算するのは、最初は難しいかもしれません。でも、ざっくりと売り上げ金額から材料費を引いて、作業時間で割ったときに、アルバイトの最低賃金（700円～800円）より安いようだと、継続のモチベーションが下がるのではないでしょうか。純粋にお金のことだけを考えたらパートの方が効率がいい、ということになってしまいます。

通常、作家としての実力が上がれば、それにともない売り上げ額も上がり、結果的にあなたの労働の価値も上がります。ハンドメイド活動を始めたばかりの頃は作業効率も悪く、作品も認知されていないので、当然あなたの労働価値は低いでしょう。でも将来的に「制作の手間としていくら欲しいか？」「いくらの価値があるのか？どのくらいまで価値を上げたいのか？」を考えて行動するのと、採算度外視で活動するのでは結果が違ってきます。

たくさんの作品を作り、作家としての自信と客観的評価を得て、自分の価値を高めていきましょう。

《 あなたの時給はいくら？ 》

（売り上げ － 材料費）÷ 制作時間 ＝ 時給 ？ 円

THEORY
065

確定申告のためにお金を管理する。

苦手意識を持ちやすい、お金の管理。
でも確定申告のためにも必須です。
売り上げと支出を正しく申告できるよう準備しましょう。

売り上げと支出を管理する

ハンドメイド作品がいくらでいくつ売れたか。作って売るためにいくら支出があったか。これは確定申告のためはもちろんですが、事業状況を把握するためにもとても大切です。ハンドメイド作家＝個人事業主は経営者。どうやって利益を出すのかを常に考えるためにも現状把握が大事です。

売り上げは金融機関に振込まれるか、直接現金をいただくか、いずれかになります。金融機関は記帳した通帳が売り上げの証明となりますが、個人通帳をそのまま使用するとハンドメイド関連とプライベートが混在してわかりにくくなってしまいます。事業専用の通帳を用意して管理しましょう。開業届けを出していれば、屋号を使った口座が開設できます。

直接の現金は領収書が証明となります。発行の控えとなるようカーボン式の領収書が良いでしょう。支出については次の項で説明します。

帳簿を付けてみましょう

お金の管理には帳簿を付けましょう。まずは家計簿のように収入と支出を一覧にまとめることから始めてみましょう。パソコンとエクセルがある場合は、本書のダウンロードサービスで提供している簡易帳簿のテンプレートを使ってみてください。プリントしてアナログで使えるものも用意しています。

青色申告にも対応した会計ソフトを使う

P92でメリットを紹介した青色申告ですが、帳簿付けが本格的になるのがデメリットといえます。申告には複式簿記での記帳が義務づけられています。具体的には、損益計算書、貸借対照表を作成して提出しなければなりません……。何だか難しくなってきて自分ではできない気がしてくるのではないでしょうか。

そこでおすすめするのが、青色申告用のソフトです。収入と支出等を入力すれば、損益計算書、貸借対照表を自動的に作成してくれます。簿記の知識がなくても入力できること、よく出てくる取引先等を自動入力できる等の利点があります。安価で簡単なものが出ていますし、ネットのクラウド上で作業ができるもの、無料お試し期間があるものもありますので、自分にあった青色申告のソフトを見つけて使ってみましょう。

「MFクラウド確定申告」を試してみる

クラウド上で使うことのできる会計ソフト「MFクラウド確定申告」。無料で30日間試すことができるので、どんなものなのか触ってみると良いでしょう。通帳と連携させて自動で情報を入力したり、経費を管理したり、総合的な会計ソフトとなっています。

▲MF クラウド確定申告
biz.moneyforward.com

▲手動で入出金を入力したり、
データを読み込んで使用できる

経理

THEORY
066

経費を意識する。

作品を制作販売するために
かかった費用をしっかり把握しましょう。

経費扱いになるお金はどんなもの？

例えば、あなたが作品制作のための打ち合わせをカフェでした場合、そのコーヒー代金は経費となります。取引先（商品を委託してくれているお店など）と取引に関することで会食をした場合も経費となります。自宅で作品を作っている場合には、自宅にかかる家賃、光熱費等も経費対象ですが、100％経費としては認められません。仕事として使用している割合分だけが経費として認められます。パソコン、自動車、携帯電話（スマートフォン）、通信費も同様に、仕事として使用している割合分だけが経費です。その他、交通費、本、イベントの出展費用等も、仕事のための使用であれば経費となります。このように、作品を制作する際の原材料費だけでなく、販売を含めた一連の活動にかかるお金は経費扱いとなります。

領収書を残して正しく経費を申告する

では、この経費とはいったい何のために把握するのでしょうか？会社員のように経費を会社が出してくれるというようなものではなく、フリーランスの経費は税金額算出のためのものです。確定申告において経費を申告するためには領収書が必要です。領収書はすべて保存しておき、ひと月ごとに経費なのか私用なのか判断して帳簿に付けることを習慣付けましょう。

PART 4

THEORY
067~087

....

SNS活用＆顧客サービス 編

SNS活用

THEORY 067

ブログやSNSは、目的がないなら使わない。

ブログやSNSは大きな情報発信ツール。
あなたや作品を知ってもらえるきっかけとして
上手に使ってください。

何を目的にして何を掲載していくのかを明確に

ブログでもSNSでも、「情報発信する目的が何なのか？」を明確にして更新する必要があります。目的があれば「どんな情報を掲載すべきか？」が決まってきます。目的がなければ、掲載情報に対しての意識が薄くなり、更新すること自体が目的になってしまいます。また個人的な趣味や日常生活をなんとなく掲載することは、発信する情報が何なのかをぼやけさせてしまいます。ハンドメイド制作の時間を削ってSNSをやるのですから、明確な目的意識を持って運用しましょう。

《 SNSを使う目的は何？ 》

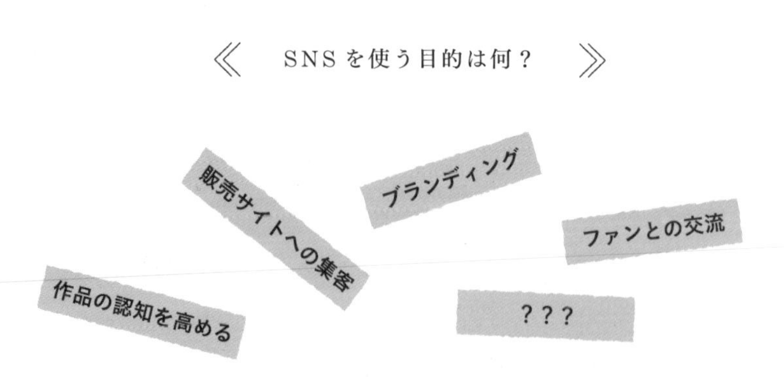

作品を知ってもらうきっかけにする

SNS活用の大きな目的のひとつが、あなたの作品を知ってもらい興味を持ってもらうことです。では、どのような情報であれば興味を持ってもらえるのでしょうか？まずは「売りたい」という前のめりな気持ちを抑えて「作品を知ってもらうきかっけになれば」というくらいの気持ちで情報発信することがポイントです。ガツガツした印象は結果的には損をします。さらに使用するビジュアルや掲載内容に統一感を持たせることで、たくさんのページの中であなたを印象付けることができます。また、商品ページとは少し異なり、より親しみを持ってもらえるように、口語的な文章が良いでしょう。

作品ページと相互に導線を作る

作品のネット販売において、どうやって集客するかは大きな課題です。素晴らしい作品を作って見やすい商品ページを用意したとしても、お客様が来てくれなければまったく意味を持ちません。検索対応をしたとしても簡単に上位表示されるわけではありません。自分の作品ページを見てもらうためには、待っているだけではなく自らアピールすることが必要です。そのアピールに役立つのがブログやSNSです。ブログやSNSを使って作品ページへの導線を作り、少しでも多くの方に作品を見てもらう機会を作りましょう。

また作品ページへの導線を作るのとは反対に、作品ページからブログやSNSを見てもらうという流れもあります。作品ページや自己紹介ページの掲載とは異なる情報（人となりや作業風景など）を見てもらうことで、作家であるあなたのことをよりわかってもらうことができるのです。

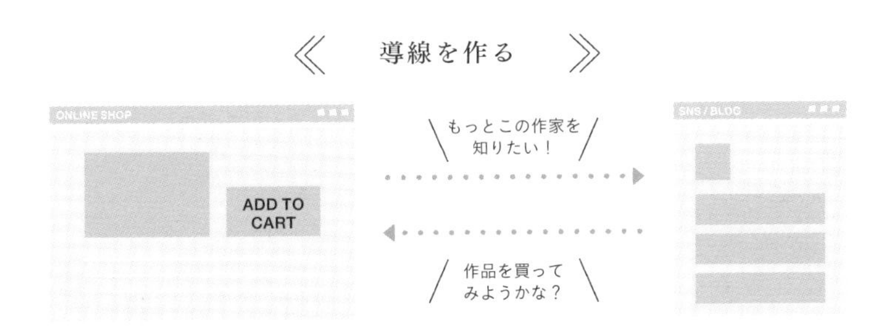

SNSごとの特徴を理解する。

様々なSNSやブログがありますが、
すべて活用する必要はありません。
目的に合ったものをチョイスしましょう。

継続できる分だけ始める

ハンドメイド活動のためのSNSを運営する際には、継続的にしっかりと情報発信することが大切です。ですからあれもこれもと欲張らず、使うSNSを選択しましょう。使ったことがあったり、現在も使っているものは、設定等もわかりやすいのでまずは候補として考えるべきです。また以下に各SNSの特徴をまとめました。新しく始めるSNSを選ぶ際の参考にしてみてください。

《 SNSの特徴マップ 》

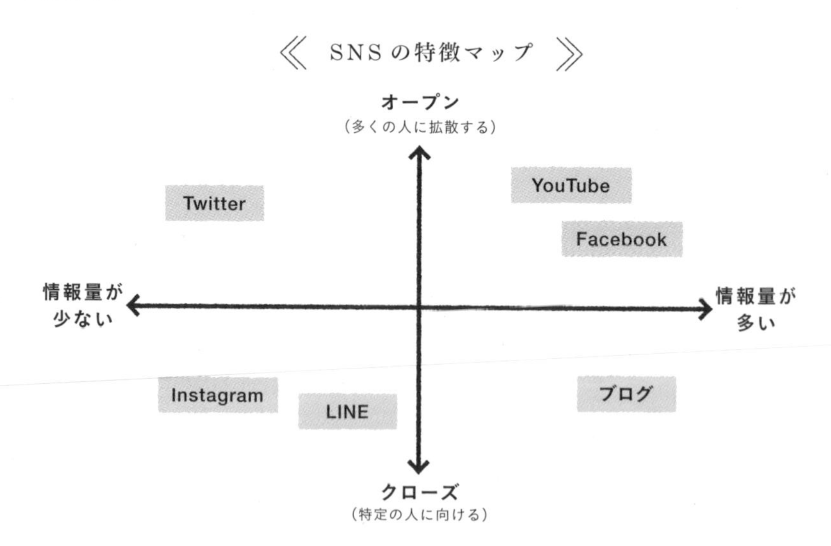

 SNSごとの概要とおすすめの使い方 

サイト名	投稿内容	ユーザーの特徴	説明	適した使い方の例
Twitter	140字以内のテキスト、画像、動画	若年層を中心にユーザー数が多い	140文字以内のテキストを共有するSNS。リツイートと呼ばれる再投稿機能により情報が拡散するのが特徴。フォロワーを増やせば自分の情報をファンに伝えるメディアとして機能する。	フォロワー(ファン)を集約して、情報を伝えるメディアにする。販売サイトへの導線を作る。ファンと交流する
Instagram	画像、動画とコメント	20～30代女性が多い。海外ユーザーとの交流もしやすい	正方形の写真を共有するSNS。ビジュアルで表現したいものがある人に適している。リツイート機能がないのでTwitterにくらべて閉じたファンコミュニティが形成される。	写真で世界観をフォロワー(ファン)に伝える。ファンと交流する
Facebook	テキスト、画像、動画など	中高年など比較的年齢層が高い人が多い	日記や写真、動画といったあらゆる情報を共有するSNS。世界中にユーザーがおり、実名で登録することが義務付けられている。手軽に作って更新できること、いいね！でファンを囲えることが特徴。	他のSNSと連携させて、情報のアーカイブサイトにする
LINE	テキスト、画像、動画など	若年層を中心にユーザー数が多い	メールのように1対1、または少人数でチャットすることが基本機能。@LINEアカウントを使うと、ともだち登録したファンに対してプッシュ通知で情報を届けられる。	運営している教室の生徒間で共有したい情報を掲載する
ブログ	テキスト、画像、動画など	ページによって読者は様々	テキスト、写真、動画などを自由にアップロードできる。ブログデザインにこだわったり長い文章を掲載したりと、自分のイメージに合わせたページが作れる。	作家活動を日記形式で掲載し、商品の背景を伝える。販売サイトへの導線を作る
YouTube	動画とコメント	動画によって視聴者は様々	動画で情報を伝えることのできるSNS。アップロードした動画はブログに貼り付けたりして活用できる。	動画で制作過程や取扱い方法を伝える

SNS活用

THEORY
069

運用ルールを決めて、アカウントの色をはっきりさせる。

WEB上には多くの情報があふれています。
その中であなたの作風を目立たせるには作戦が必要です。

更新頻度や内容のルールを決めて、継続する

例えばある人気イラストレーターさんは、1日1枚イラストを描いてInstagramにアップする、というルールのもとに更新を続けています。膨大な情報からアカウントを際立たせて見せ、さらにはフォローしてもらうには、作品の個性はもちろんですが、それを情報として意識し、定期的に継続して発信し続けることが大切なのです。その継続性が、アカウント＝あなたの色、個性となります。

《 運用ルールの例 》

- 作品写真以外はUPしない
- フィルターは2種類に絞る
- ○曜日は○○をUPする
- 写真の背景は常に統一する
- 週に1回は必ずUPする
- 毎日18時にUPする

複数のSNSは目的ごとに使い分ける

何種類かのSNSを使うなら、それぞれ使う目的を決めてルールを設定します。例えばInstagramは作品写真を見せるギャラリー、Facebookはアーカイブ用、ブログでは制作工程やこだわりを文章中心で伝え、Twitterではフォロワーとの交流と新作情報を……といった具合です。

そしてルールを決めたら、結果が出るまで続けること。ルールから外れた

投稿をしないことが大切です。1年続けてみましょう。そこで結果がでなければ、ルールを見直してみても良いでしょう。

SNSごとの運用ルールを決める。

SNS	例：Instagram
写真内容	例：新作は必ず掲載する、真上からの構図に限定する
スタイリング	例：生活感のあるところをうつさない、制作中の雰囲気を再現する
更新頻度	例：週1回は必ずアップする、日曜日は制作風景を見せる
その他	例：オリジナルのハッシュタグを付ける

SNS	
写真内容	
スタイリング	
更新頻度	
その他	

SNS	
写真内容	
スタイリング	
更新頻度	
その他	

SNS活用

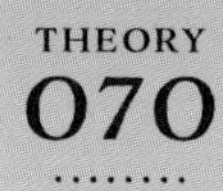

Instagramで
フォロワー1000人を目標にする。

Instagramは写真中心のSNSなのでハンドメイドとの相性抜群。
フォロワーを増やすべく地道に更新しましょう。

フォロワー数を目標にする

Instagramは写真を使ったSNSです。スマホアプリから気軽に更新できるので、これからSNSを始めようという人は、Instagramからスタートすると良いでしょう。

Instagramを使う最終的な目標は、あなたの作品のファンを増やすこと。SNSにはフォロワーやいいねなど目に見える数字があるので、やりがいがあるとも言えます。最初は1000人を目標にしてみましょう。友だちや知り合いがフォローしてくれれば、数百人は行くものですが、1000人を超えるには創意工夫と継続した努力が必要です。1万人を超えると、人気アカウントと呼べるでしょう。注目されはじめ、他のWEBメディアや書籍・雑誌などの媒体からお声がかかる数字といえます。それらに作品が掲載されるようになれば、2万人、3万人と一気にフォロワーが増加します。ですから、まずは1000人。これを目標にスタートしてみましょう。

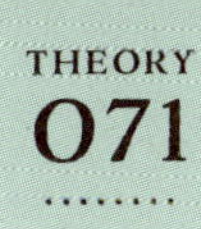

THEORY
071

Twitterが持つ発信力・動員力を知る。

誰もがスマホを持っている現代において、
SNSの力は増すばかり。代表的な例がTwitterです。

つぶやきひとつで物を売るクリエイター

Twitterの特徴は、リツイートにより情報が一気に多くの人へ拡散することです。フォロワーが数万人規模の人気クリエイターさんの場合、新商品の告知をするとフォロワーが見るのはもちろん、内容に賛同した人がリツイートでさらに情報を広げます。リンクから販売ページへ移動させ、商品を買わせる圧倒的な動員力を持っています。Amazonの販売ランキングもつぶやきひとつでアップできるのがSNSの力なのです。

《 Twitterの口コミで物が売れる流れ 》

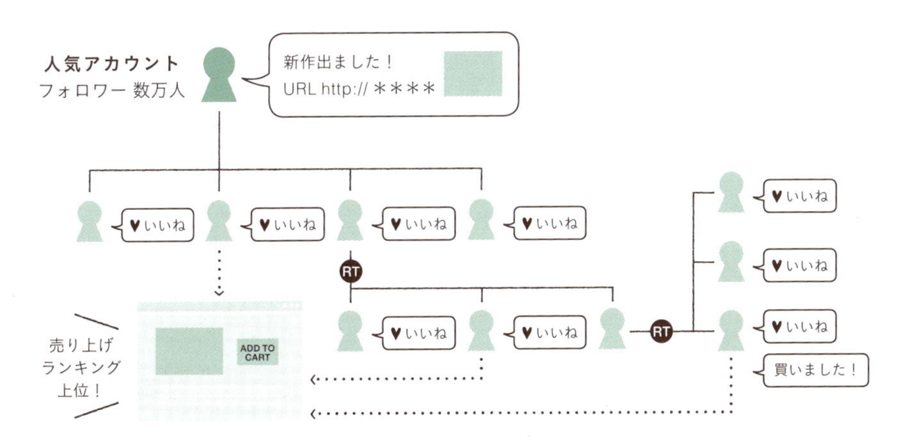

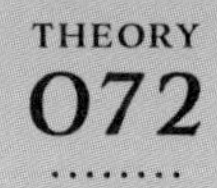

SNSでは相手にとって有益な情報を発信する。

SNSを使う際、ついつい商品を売ることばかり考えがちですが、
まずは他人にとって役立つ情報、楽しい情報、
見たい情報を提供すべきです。

作品の魅力を伝えるのが正攻法

SNSで影響力を持ちたいと思っても、TVに出ているような有名人でない限り、いきなりフォロワーを増やすことはできません。フォロワーを増やす一番の近道は、「フォローしたいと思うような内容をつぶやく」ということ。

ハンドメイド作家さんの場合なら、やはり作家としての実力を磨くこと、その実力や魅力が伝わる写真を上げていくことでしょう。正攻法すぎてがっくりくるかもしれませんが、ハンドメイド作家として、作品で人を魅了するという基本は、インターネット上でも変わることはありません。

人気アカウントは、フォロワーさんにいったい何を提供していますか？美しい作品の写真でしょうか？お得なセールやプレゼント情報でしょうか？人柄やハンドメイドを楽しむライフスタイルに魅力があるかもしれません。自分が他人のために提供できる情報について考えてみましょう。

《 フォロワーが欲しい情報は……？ 》

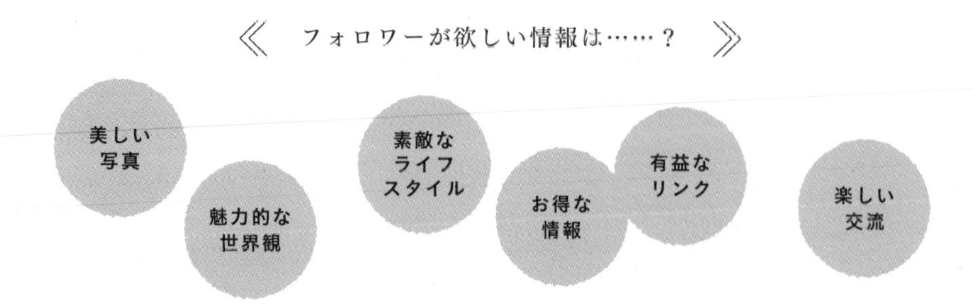

「フォローしたくなるような写真」の掲載を心がける

SNSにおいても写真は本当に大切です。文章は読まなくても画像なら見るという人も多いからです。画像SNSであるInstagramでは特に写真に気を使いましょう。

まず「フォローしたくなるような写真」であることを第一優先にしてください。人はどんな物を見たがるでしょうか？きれいな写真、おしゃれなライフスタイルが伝わる写真、あこがれを感じるかわいい写真。ハンドメイド作家としてのセンスを発揮しましょう。

Instagramではタイル状に投稿した写真が並びます。並んだ時にひとつの世界観が浮き立つように、写真の組み合わせも考えると効果的です。また、Instagramにアップする前に他の写真加工アプリで色味を整えたり、スマホで撮影せず、デジタル一眼レフで撮った写真をスマホに移してアップしたりといった工夫も有効でしょう。

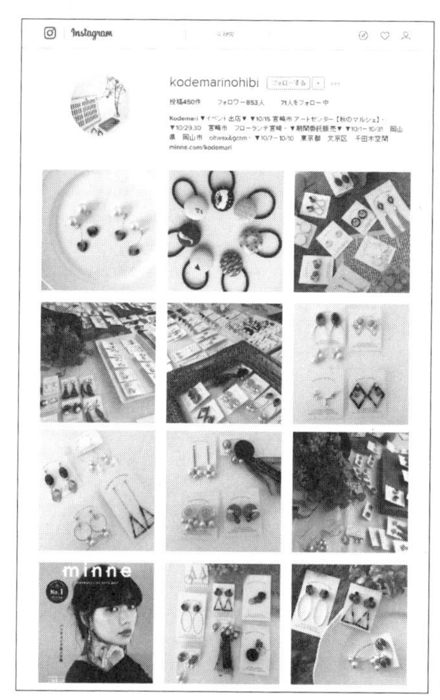

◀kodemari さんのInstagram ページ。
タイル状に写真が並んだ状態で世界観が
伝わるようになっている

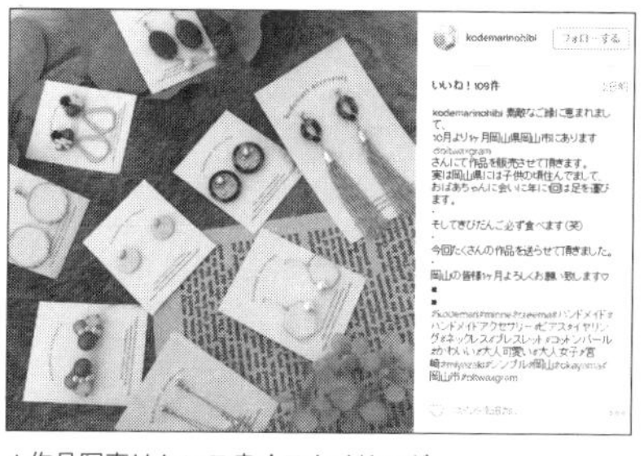

▲作品写真はセンス良くスタイリング。
コメントも人柄を感じさせる大切なポイント

SNS活用

THEORY
073

ハッシュタグ（#）を使って自分を知ってもらう。

InstagramやTwitterではハッシュタグ（#）を上手に使って見てくれる人を増やしましょう。

存在を知ってもらうきっかけ作り

せっかく魅力的な内容をアップしても、知ってもらわないことには魅力が伝わりません。そのために使いたいのがハッシュタグ（#）です。

例えば「#帽子」といったハッシュタグを写真と一緒に投稿すれば、「帽子」で検索でしたときに検索対象となって写真が一覧表示されます。ハッシュタグによって帽子に興味がある人とつながる可能性ができるのです。同じ傾向の作品を作るハンドメイド仲間を見つけて交流するのも活動のはげみになります。

ハッシュタグはひとつの投稿に、複数設定できます。投稿した写真に関連する探されそうなハッシュタグを設定して、より露出が高まるようにしましょう。Twitterでは文字制限があるので、「#ハンドメイド」や「#minne」など定番タグや、今旬なタグをひとつ付けるのが良いでしょう。Instagramはコメントにハッシュタグを使えるので好きなだけ付けても嫌味になりません。どんどん活用しましょう。

#かわいい　#自分の屋号　#handmade　#minne　#ナチュラル　#ハンドメイド　#creema

minneでもハッシュタグが使用可能に

2016年8月より、minneでも作品に対してハッシュタグを設定できるようになりました。従来のカテゴリー分けだけでなく、素材や特徴、手法、モチーフなど具体的なキーワードを設定することで、閲覧してもらえる機会を増やすことができます。付けるハッシュタグは「今旬なワード」がおすすめです。minneがオススメするタグを付けることで特集ページで取り上げてもらえることもあるのでぜひ設定しておきましょう。

SNS活用

THEORY 074

Twitterは「固定されたツイート」を必ず使う。

Twitter上で、情報は時間に沿って流れ、すぐに消えていきます。
常に表示したい情報は「固定されたツイート」にしましょう。

一番目立たせたい情報を固定する機能

Twitterの大きな特徴のひとつが「リアルタイム性」です。みんなでテレビを見ておしゃべりするような感覚で、実況的に「今」を共有することができます。しかしその特徴により、情報はすぐに流されてしまい、ハンドメイド作品をじっくり見てもらったり、いつでも同じ情報を表示したりといったことは不得手です。

そんな特徴を補うのが「固定されたツイート」です。作風を代表するような商品の写真、イベント参加の告知など、一番目立たせたい情報をプロフィールのように固定して常に表示してくれます。設定は、ツイートの「その他」ボタンから「プロフィールに固定表示する」を選択するだけ。固定するツイートはいつでも変更できるので、その時々に宣伝したい内容にしても良いでしょう。

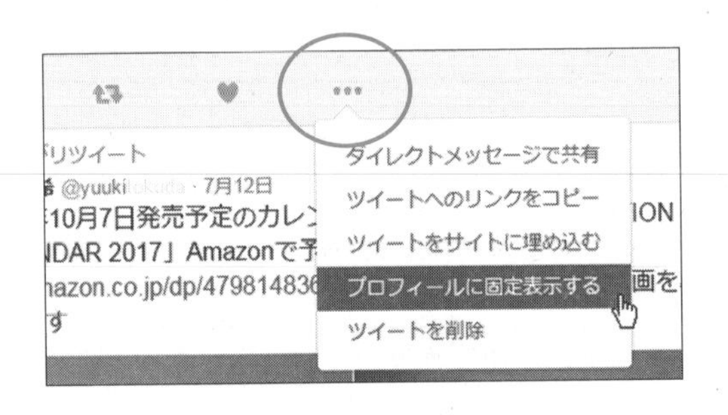

SNS活用

THEORY 075

SNSを使った
プレゼント企画を行う。

Twitterを使ってプレゼントキャンペーンを
開催してみましょう。

フォローやリツイートで応募させる

Twitterのフォロワーのみなさんは、あなたの顧客リストのような存在です。日頃のご愛顧に感謝して、プレゼント企画を行ってみましょう。方法としては、アカウントをフォローしてもらい、**プレゼント企画についてのツイートをリツイート（拡散）することで応募完了**、とするのがポピュラーです。開催期限や応募方法は1枚の画像にまとめてツイートします。当選者が決まったらDM機能で連絡をして受け渡しを行います。「#プレゼント企画」などのハッシュタグを付けると認知を広げることにつながります。フォロワー○人突破に感謝して、といった企画でも良いでしょう。

または、**写真をハッシュタグ付きで投稿したら応募完了**、といった写真コンテスト風の方法もあります。この方法は写真を使うためInstagramと相性が良く、大手企業もよく行っているキャンペーン手法です。指定された場所や商品を撮った写真を、あらかじめ決めておいたハッシュタグを付けて投稿してもらいます。ハンドメイドであれば自分の作品を身に着けた写真を投稿してもらうといった方法が考えられるでしょう。

Twitterの方が情報の拡散力は高いですが、Instagramの写真の方が、より深くブランドイメージを伝えることができます。ただしフォロワー数が少ない場合は、Twitterの方が反響を得られやすいでしょう。

SNS活用

THEORY
076

ブログは発信する情報を しっかりコントロールする。

ブログは読ませる文章に適しています。
使って上手にアピールしましょう。

キーワードを意識した文章で検索対応する

ブログはWEB上の日記として個人的なことの投稿になりがちです。作家のオフィシャルブログとして、その役割をはっきりさせましょう。作家としての情報発信なので、基本的には作品と無関係なものは掲載しないようにすべきです。作家活動と関係のない日常や趣味について書くとしても、その情報が商品価値を高めてくれるかどうか、という点を考えてみてください。おしゃれな暮らしや魅力的な人柄、面白い趣味が作品の魅力につながるなら戦略的にOKです。もしそうでないなら、作家活動とは別のブログを作りましょう。

ブログはSNSと違って情報を拡散する機能はありません。ですから、ブログの記事を読んでもらうには、GoogleやYahoo!といった検索エンジンに対する対策が有効です。タイトル、本文には、探す人が多いであろう検索キーワードを意識した文章を掲載しましょう。

ブログは掲載できる情報容量が多く、長い文章を投稿することができます。長文が読みづらくならないよう、改行や文字装飾、レイアウトを工夫しましょう。またブログにはリンク設定等も可能なので、作品ページや情報発信しているSNSへのリンク設定をしてください。

THEORY
077

誰でも見ることができる「Facebookページ」を使う。

Facebookは比較的年齢の高い人が多く利用しています。
作品のターゲット層がマッチしている場合には、
積極的に利用すべきSNSといえます。

「個人ページ」と「Facebookページ」

Facebookには個人ページとFacebookページの2種類があります。個人ページはFacebook上の友だちと交流するためのものですが、Facebookページは Facebookを使っていない人でも見られるので、作品のPRに適しています。このページに対して「いいね!」を押してもらうとその人が「ファン」という扱いになる仕組みです。「いいね!」を押してくれる人をより多く集めることは、目的である作品ページへの誘導に有効となります。

より深い心情的なところを伝える

Facebookは掲載できる情報量が多いので、「どうしてその作品を作ったのか」など、一歩踏み込んだ心情的なところまで掲載するのが良いでしょう。作業風景を通じて技術と手間を伝えることができれば、それが作品の価値を高める要素にもなります。なお、Facebookの利用者は50代・60代がボリューム層と言われていますので、そこを意識した情報発信を心がけると良いでしょう。ジャンルとしては、陶芸などクラフト系のものが好相性と言えるかもしれません。

また、Facebookは他のSNSと連携させて使うことができます。Instagramやブログの投稿がFacebookに自動投稿されるよう設定しましょう。

SNS活用

THEORY 078

YouTubeで
動画プロモーションを行う。

YouTubeを使えば、動画を使ったプロモーションができます。
面白く役立つ内容なら作品を多くの人に
知ってもらうことができます。

見た人が誰かに話したくなる内容や商品補足情報を動画に

YouTubeにはどのような内容の動画を掲載すれば良いのでしょうか？目的は商品ページに来てもらうことです。となると、作家や作品に興味を持ってもらえるような動画ということになります。それには、「面白い！凄い！楽しい！」などが必要です。「へえー！ワォ！」と思ってもらえるような映像です。「知らなかった！勉強になる！」でも良いでしょう。

これをハンドメイド作品に当てはめてみます。作業工程、見た目にはわかりにくい工夫や技、作品の思いもしない使い方など、見せ方を工夫すれば驚きがうまれます。ハンドメイドの基本をHow toでまとめてみても喜んでもらえるでしょう。セールスのためというよりは、あくまで話題にしてもらって認知してもらうことや、親しみを感じてもらうことが目的となります。

YouTubeは動画の置き場と考えて、ブログやSNSで動画を共有しましょう。Twitterは動画をそのままタイムラインで共有できるので、YouTubeと相性が良いSNSです。面白い動画が一気に拡散し話題になったりもするメディアなので、驚きや笑いを引き起こすインパクトのある動画が好相性です。

ブログであれば記事に動画を埋め込んで見てもらうことができます。Twitterのように更新スピードが速くないので、制作風景をじっくり動画で見せたり、作品の使い方や詳細を動画で紹介するといった使い方が適しています。あなたや作品を深く知ってもらうための動画を用意しましょう。

チャンネル登録をしてもらう

YouTubeにも、TwitterなどのSNSと同様にフォロー機能があります。YouTubeでは「チャンネル登録」をしてもらうことで、あなたの動画リストをフォローしてもらう仕組みです。この登録人数を増やせば、新しい動画をアップした際に多くの人に見てもらえるようになります。

小中学生のあこがれの職業に人気動画を提供する「YouTuber」が上がる時代。ネット動画の視聴率は無視できない時代になってきています。

驚きやインパクトのある動画

・ハンドメイドのテクニックを見せる
・こんなものまで作れるの？という作品

話題にしてもらい認知度を上げる

取り扱い説明書としての動画

・ハンドメイド作品の使い方や活用例
・動かしたところなど詳しい商品説明

作品購入のひと押し、アフターフォロー

作り方講座や制作風景の動画

・役立つ手作りのノウハウを伝える
・実際の作品制作風景を動画に

親しみや共感の気持ちを持ってもらう

定番商品の動画

・ラインナップを動画で見せる
・代表作のプロモーション動画

名刺代わりとして

SNS活用

THEORY
079

LINE@で
ファンと親密な関係を作る。

LINEはコミュニケーションツールとして
一気に普及しました。特定の相手と
より親密な交流をするのに適したSNSといえます。

メールマガジンのように情報を自動配信できる

LINEは今や数多くのユーザーを持つSNSです。基本的には少人数でメールのようなやりとりを行うためのものなので、ハンドメイド作品の販促に相性が良いとは言えません。しかし、ビジネスユースのために登場した「LINE@」を使えば、熱心なあなたのファンに対して情報を自動配信することができます。ファン囲い込みのためのツールという位置付けです。メールマガジンのような存在と考えると良いでしょう。

LINE@には、登録してくれた「友だち」に対して、メッセージを送れるほか、アンケートや投票ができるリサーチ機能があります。使い方を工夫してお客様へのより良いサービスを図ってください。

本当に興味を持ってくれる人を囲い込む

LINE@を用意しても、お友だちがいなければ意味がありません。お友だち集めは他のSNSや作品販売ページなどで、友だち追加ボタンを設置して登録を促します。店舗カードに記載しても良いでしょう。たとえ登録数が少なくても、本当に興味があるお客様がいることが大切です。作家活動を続けていけば登録は増えてきます。あせらずに本当に意味のあるお友だちを集めましょう。

顧客対応

お客様を大切にして、リピーター率100%を目指す。

すべてのお客様に感謝の気持ちをもって向き合い、
リピーター率100%を目指す、という心意気が大事です。

自分の作品を選んでくれた、たったひとりのお客様

一度購入してくれたお客様に、次も買ってもらうことができれば必ず商売は繁盛します。これは実店舗でもネット販売でも同じです。理由は単純で、お客様が減ることなく溜まって増えていくからです。新規のお客様が全員常連の顧客になってくれればベストなのですが、実際にはどんなに素晴らしいお店でもそんなことはありません。でも、目指すところはあくまでもリピーター率100%です。その気持ちを持ってすべてのお客様に向き合わなければ、リピーターにはなってもらえないと思ってください。自分の作品を選んでくれたたったひとりのお客様だと思って対応しましょう。

「作品力」「サービス」「ユーザーメリット」を考える

「リピーター率100%目指す」にあたって、大切なポイントが「作品力」「サービス」「ユーザーメリット」です。「作品力」については言うまでもありません。届いた商品のクオリティが低ければ、もう一度買ってもらえるわけがありません。「サービス」は、発送までの流れはもちろん、作品ページの出来やアフターサービスまで多岐にわたります。「ユーザーメリット」は、作品を通じてお客様にその価格以上の価値を感じてもらうという意味です。この3つのポイントを意識して、リピーターを増やす努力をしてください。

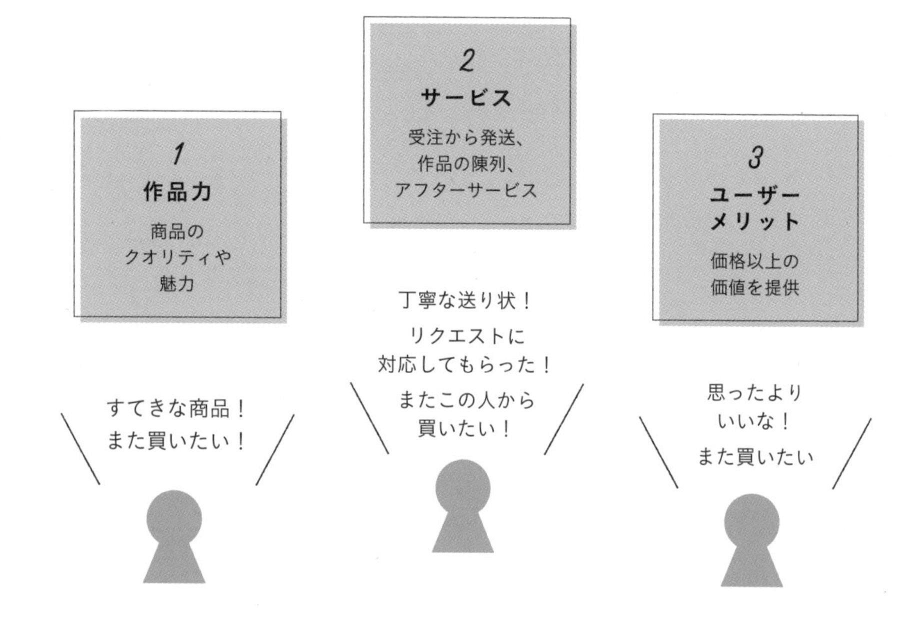

感謝の気持ちが、お客様の満足につながる

「作品力」はすぐに解決できる問題ではありませんが、「サービス」はすぐに改善可能です。お客様は、これだけ多くのハンドメイド作品がある中であなたの作品を選んでくれました。あなたのことをまったく知らない方が、検索したりSNSで情報を得て、あなたの作品を見付けてくれたのです。さらには、気に入って購入してくれた、という奇跡がここにあります。この感謝の気持ちをサービスに活かして対応してください。

リピート購入では、一度の縁ならず再び縁をいただき購入してくださった感謝があります。毎回感じるその感謝の気持ちがなければ、お客様が満足する「サービス」はできません。その「サービス」も「ユーザーメリット」のひとつになります。作品価値だけではなくお店の価値を高めることも目指してください。

顧客対応

常連客は良い意味で依怙贔屓する。

初めて購入する一見さんといつも購入してくれる常連さん。
それぞれのお客様を大切にした対応を心がけましょう。

一見さんと常連さん、対応が違って当たり前

初めて購入してくれたお客様（一見さん）と、いつも購入してくれる常連客。どちらもお店にとっては非常に大切な存在です。でも、いつも買ってくれる常連客をより大事にするのは当然の流れです。一般的に、売り上げの8割は2割の常連客によるものである、とも言われています。常連客をいかに増やし、さらに超・常連客に育てるかが大切なのです。

例えば、新規のお客様に対してクーポンを発行したとします。常連客からすると「今まで購入したことがない人が優遇されて、いつも購入している私は優遇されないの？」と思ってしまいます。これではいけません。本来であればお店を支えている常連客が優遇されるべきです。新規顧客だけのサービスもあってしかるべきですが、必ず不満を感じないように常連客にもサービスすべきです。

杓子定規ではなく、そのお客様ごとに対応が変わって当たり前。良い意味での依怙贔屓を心がけてください。

常連客	»	ブランドのストーリーや価値観を知っている	»	さらに気に入ってもらう努力
一見さん	»	たまたま出会って初めて購入	»	知ってもらい、リピートしてもらう努力

顧客対応

THEORY
082

簡単でも良いので
顧客リストを作る。

お客様ひとりひとりに寄り添ったサービスをするために、
メモ程度でも良いので顧客リストを作りましょう。

顧客情報と購入履歴

お客様ごとに対応を変えるには、お客様ひとりひとりを見ていなければできません。そのお客様が過去に何をいつ購入してくださったのか？そのときの評価はどうだったのか？どんな用途で購入していただいたのか？等々を把握するために、簡単なメモでも良いので顧客リストを作りましょう。

顧客番号を振って、氏名、住所、電話番号、メールアドレス、最初の購入日と購入内容、2度目以降の購入状況、その他やりとりの中で気が付いたことや知りえた情報を記入します。本格的にまとめるならエクセルに記入してみましょう。ただし目的は美しいリストを作ることではなく、お客様ひとりひとりに寄り添うことです。把握することができるなら、ノートにメモする程度でも良いでしょう。なお、購入までは至らなかったけど、お問い合わせをいただいたり、イベント出品で声をかけてくれた人は将来のお客様候補です。こういった人についても記憶しておきましょう。

《 顧客リストの項目例 

氏名	連絡先	初回購入日	購入内容	リピート状況	補足情報

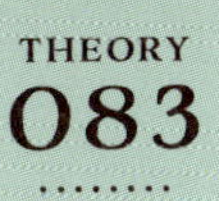

メールと商品発送時に感謝を伝える。

ネット販売では、購入時に直接お客様と
会話するわけではありません。
メールや発送時に一言添えるようにしましょう。

心のこもった一文を添える

ハンドメイドマーケットやネットショップの場合、メールと商品配送時だけが、お客様と接することができる機会となります。直接顔を合わせないということは、相手の表情もわからないし、こちらの表情を伝えることができないということです。だからこそ、メールの文面にも気を使い、配送時にも相手が喜ぶことをするべきなのです。

テンプレートで機械的にメールを送るようなことはやめましょう。お客様ごとに文面を変えて感謝を伝える。配送時に一文添える。同梱包するカードはシーズンごとに違う内容のものを用意する。ほんの少しだけど、おまけをつける……などなど、少しの手間でできることがあるはずです。一見さんは常連客になってもらえるように、常連客は逃がさないように。あなたならではのアイデアと気遣いで対応してください。

《 メッセージの文面に変化を付ける 》

- 「おまけです、良かったらお使いください」
- 「○○ちゃんに気に入っていただけたら嬉しいです」
- 「だいぶ寒くなってきましたね。どうぞご自愛ください」
- 「次回は○○に出品します」

顧客対応

THEORY
084

メールマガジンで
お店を思い出してもらう。

あなたの作品を気に入ってくれたお客様でも、
お店のことを忘れてしまえばリピートは見込めません。
思い出してもらうためのアクションをおこしましょう。

買うつもりがないのではなく、忘れている可能性が高い

あなたの作品を購入してくれた人がリピートしない理由は、大きく分けてふたつ。ひとつは購入したものの気に入らなかった人。もうひとつは、気に入っているものの、お店の存在を忘れている人です。気に入らなかったお客様を次への購入に結びつけることは非常に難しいことですが、気に入ってくださっているお客様の場合には、きっかけ次第で購入が期待できます。このお客様にアプローチしてみましょう。

忘れられているお客様に思い出してもらう方法のひとつはメールです。対象とするお客様をリストアップ、または個別に、新作案内などのメールを送るという方法です。ただしセールスメールは、開かれずにそのままゴミ箱ということも多いもの。メールを開かなくても件名で気になる情報が伝わるよう工夫しましょう。

THEORY 085

送料設定で顧客サービスする。

お客様にとっては送料も作品価格の一部。
送料設定も顧客サービスとして考えることが大切です。

送料設定もひとつの顧客サービス

ネット販売において、実店舗ではかからない送料はデメリットのひとつです。それだけに、できるだけお客様に負担をかけない送料が望まれます。宅配便、メール便、レターパックなど、作品の大きさによって配送方法を分けることで、送料負担をなるべく軽くするのもひとつの方法です。お客様は、「商品価格＋送料」が購入金額だと捉えますので、送料設定も顧客サービスとして考え対応することが重要です。

運送業者は利便性や対応などトータルで考える

送料は運送業者によって異なります。各業者ごとに送料と付帯サービスを相談してみると良いでしょう。個人ではなかなか取り合ってもらえない場合もありますが、各社を比べて利用する業者を決めてください。集荷の利便性やトラブル時（配送中の破損、受取拒否など）の対応などトータルで考えましょう。

送料は？

集荷は？

補償は？

その他
サービスは？

料金改定やサービス変更をホームページで定期的に確認

個人で利用しやすいのは郵便局かもしれません。郵便局は、全国各地に必ずあり、レターパックと宅配便が使えます。特にレターパックは、追跡サービスで配達状況を確認できるので、安価なサービスながら非常に便利です。封書以外の最も安価な配送方法は、佐川急便の飛脚メール便です。大きさと重さに制限があり配送日数が少しかかりますが、日本全国一律料金で送ることができます。ヤマト運輸では、メール便の替わりに宅急便コンパクトというサービスがあります。小さな荷物であれば、レターパック同様に専用BOXを使って送ることができます。

このように、業者によってサービスは様々ですが、料金改定やサービス変更が行われることがありますので、各ホームページで定期的に確認して、より良いサービスを利用するようにしてください。

リピーターやレビュワーさんに送料無料サービスをする

2回目以降のお買い物のお客様や、購入後にレビューを書いてくれるという方に対して、送料無料サービスをする、というのもひとつの販売手法です。ハンドメイドマーケットでは送料の選択肢として、リピーターの方、レビューを書いていただける方、といった項目を設定します。

配送方法選択

○ 定形（外）郵便 初めてのお客様 120円

● 定形（外）郵便 リピーター様（800円以上） 0円

備考欄 色・サイズの指定など、ご注文に必要な情報をご記入ください。

※ 備考欄に絵文字は使えません

顧客対応

THEORY
086

評価とコメントは
成長のための材料にする。

評価とコメントは、
お客様の気持ちを知る上で重要な要素です。
より良い作品作りやサービスに活かしましょう。

評価とコメントは成長のための材料

評価とコメントは非常に気になるところです。その内容が良ければ嬉しくなり悪ければ落ち込みますが、一喜一憂する必要はありません。評価とコメントは作品を売った結果＝過去のことなので、その内容を覆すことはできません。大切なのは、結果を受け止め今後に活かしていくことです。そういった意味で評価とコメントは、良くても悪くても作家としてお店として成長できる材料をもらったとプラスに受け止めてください。

良い評価は励みとし、悪い評価は真摯に受け止める

良い評価はともすると自分の実力を勘違いしてしまいます。しかし、ハンドメイドマーケットの評価コメントはポジティブな意見を書く人が大多数です。鵜呑みすることなく励みとしてください。悪い評価は真摯に受け止める姿勢が必要です。ネガティブな意見を書きにくい場では、本当は強い不満を感じている人も、婉曲な表現にしがちです。コメントに隠されている真意を感じ取りましょう。

評価やコメントを、実際に投稿するのは一部の人です。ひとつのコメントの背景には、同じようなことを思っているお客様が数多く存在します。評価の裏に隠されている多くの潜在評価があることを忘れないでください。

感謝の気持ちで返信する

評価やコメントに返信できるような仕組みがあれば、良いことにも悪いことにも返信しましょう。良いことには感謝の気持ちを伝えましょう。悪いことはその内容により対応します。お詫びと今後の改善点を伝えましょう。デザイン等の主観的要素であれば、その意見も受け止め勉強になったこと、これからがんばっていくことを伝えます。

いずれにしても、評価やコメントをいただいたことへの感謝の気持ちが必要です。特にハンドメイドマーケットの場合は、不満がある人ほど感想を残さない傾向があります。指摘してもらえてありがたいと考えましょう。

なお言い訳は、印象を悪くするばかりです。反論したいときもあると思いますが、すべては成長のために必要なこと。心を広くして受け止め対応しましょう。

《 悪い評価・コメントへの返信例 》

「ご期待に沿えず申し訳ありませんでした。
今後はご要望にお応えできるように努めてまいります。」

「貴重なご意見をありがとうございました。
今後の制作に活かしていきたいと思います。」

返信はしないという選択肢

販売数が増え売れっ子になってくると、返信の時間が取れないこともあるでしょう。また制作に集中したいので、対応に時間をとられたくない場合もあるでしょう。その際は、返信はできないがコメントや評価をありがたく思っているということを、あらかじめ自己紹介欄に記載しておきましょう。

顧客対応

THEORY
087

トラブル対応は迅速丁寧に。

相手が怒っているトラブル（クレーム）の対応は
誰しも嫌なもの。でもしっかり対応すれば
リピーターになってもらうことも可能です。

相手の立場になれば解決策が見えてくる

トラブルの対応は「相手の気持ちになって、迅速、丁寧に」が基本です。相手の目線にならないと、何が原因でトラブルになっているのかわかりません。まずはお客様の言い分を聞きましょう。話を聞くことで、何に怒っているのか？どうして欲しいのか？が見えてきます。興奮しているお客様も、話をゆっくり聞くことで落ち着いてきます。相手の気持ちになれば、トラブルを解決する最善の方向が見えてきます。

なるべく早く電話して対応する

「迅速」とは、相手を待たせてはいけないという意味です。トラブルが起きたことを把握したら、そのままにしないでできるだけ早く対応してください。対応に時間がかかればかかるほど、お客様はイライラします。電話が可能ならすみやかにかけましょう。直接話ができる電話はトラブル解決に非常に有効です。メールやインターネット上のやりとりは相手が見えないので、どうしても言葉が強くなりがちです。電話では声が聞こえるために比較的穏やかに話を進めることができます。後手後手にならないよう、スピーディーかつ冷静に対処していきましょう。

丁寧に対応することでピンチをチャンスに変える

「丁寧に」とは、口調や態度に気を付けて丁重に対応するという意味です。トラブルの内容によっては、あなたに非がなく相手の勘違いの場合もあります。少しのミスでものすごく怒る人もいます。理不尽な場合もありますが、トラブルは大きなチャンスでもあるのです。このトラブルの対応如何で、あなたとお店の評価が問われます。対応を誤れば、二度と購入してもらえないばかりか、悪い噂が広がってしまう可能性も考えられます。

逆にお客様が納得してもらえる対応ができれば、トラブルをきっかけに良い印象を持ってもらえるばかりではなく、マイナス評価からプラス評価に転じてリピーターになってもらえる可能性が高くなります。つまり、ピンチをチャンスに変えることができるのです。だからこそ、積極的に丁寧に対応することが求められます。

PART 5

THEORY
087~100

....

キャリアアップ編

「売れるスパイラル」を作る。

ファンができて作品が売れ、さらに口コミで認知度が上がり、
期待に応えるため良い作品を作る。
そんな良いスパイラルを目指しましょう。

連鎖の基本は良い作品

売れっ子になっていくには、良い作品がファンを生み、ファンが評判を生む「売れるスパイラル」に入ることが大切です。それにはなにより、良い作品を作ることが基本です。作品の価値がなければ、購入してもらうこともリピートしてもらうこともできません。作家として魅力ある作品を作ることが、ファンを作ること、良い流れを作ることのスタートでもあります。

ひとつひとつの施策が大切

流れがどこかで途絶えると、スパイラルにはなりません。ですからどの過程も重要であり、ひとつひとつの施策が大切だといえます。ハンドメイド作家として、作品を作ることに注力することはもちろんですが、作品が売れなけば活動も継続できなくなります。作品が売れる、ファンができる流れができれば、結果としてさらに良い作品作りに注力できるようになり、さらなる良いスパイラルができるのです。売れる作家はこのような流れを持っています。

「良い作品を作ること」
「お客様目線でサービスすること」に注力

　このような流れを考えると、「大変だな、できるだろうか？」と思ってしまうかもしれません。しかし、「良い作品を作ること」「お客様目線でサービスすること」に注力していけば結果として売れる店舗のスパイラルができてきます。もちろんこの流れを意識することも必要ですが、売れる店舗のスパイラルは結果であり、小さな積み重ねがそのスパイラルを生むことになるのです。

《 ファンができて作品が売れるスパイラル 》

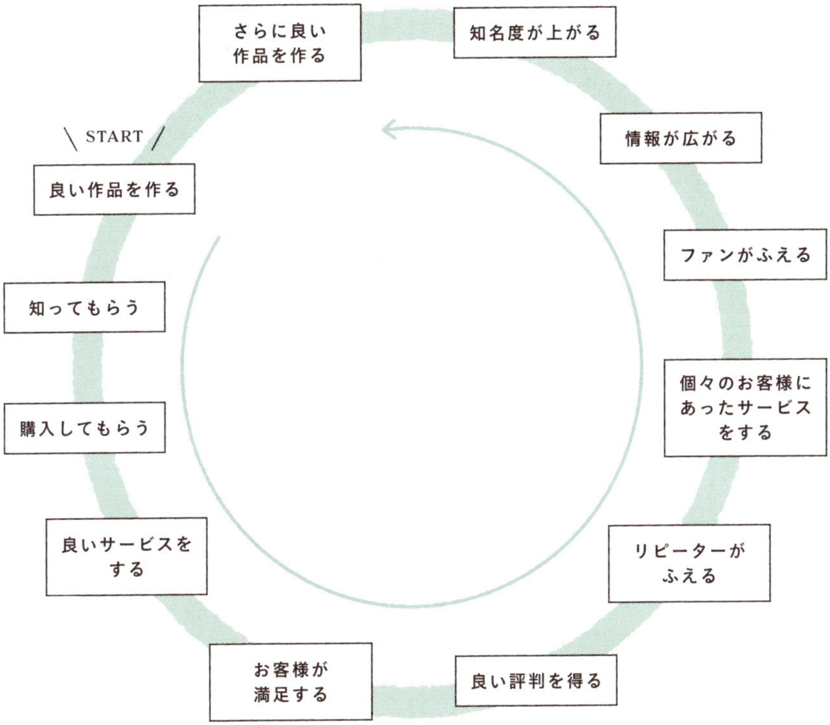

ブランディング

お客様が購入する理由を作れているか、振り返る。

作家としてこれからも活動を継続していくために、
お客様に価値を提供できているか、自問してみましょう。

お客様が対価を支払う価値があるかどうか？

ハンドメイド作家としてやって行けるかどうかは、単純に考えれば「作品が売れるか？売れないか？」が指標でもあります。作品を売れるということは、「お客様が対価を支払う価値がある」ということです。その価値を作るための施策を、ここまでにいろいろと話しをしてきました。これらは一口に言ってしまえば「お客様が購入する理由（価値）を作れるか？」ということ。それは最も大切であると同時に、最も難しいことでもあります。

「感謝の気持ち」も購入する理由になる

「お客様が購入する理由」には、作家の価値、作品のクオリティ、作品ページの出来などいろいろなものが組み合わされています。どれも重要でありますが、どれかがなくても「お客様が購入する理由」は成り立ちます。

例えば、作家の価値が飛び抜けて高ければ、他の要素はさほど重要になりません。しかし、何が理由であっても、次への購入につなげファンにするには、「感謝の気持ち＝心を込めたサービス」が必要です。傲慢な気持ちでのサービスでは、次回の購入はありません。「感謝の気持ち＝心を込めたサービス」も「お客様が購入する理由」なのです。初めて商品が売れたときの気持ちを持ち続けていきましょう。

キャリアアップ

「作家」として スキルアップのため努力する。

作家として停滞を感じたときには、
人間性を高めることに加え、様々な経験を積むことです。
それがスキルアップにつながります。

好奇心を持って見聞を広め人間性を高める

作家としてスキルアップするには、とにかく勉強すること、研究することが必要です。また、人間性も磨かなくてはなりません。勉強は、ハンドメイドのことだけではなく、幅広い知識があれば、そこから影響を受けることも大いにあります。研究心があれば、材料やデザイン、工程など、新しい手法の発見があります。ハンドメイド作品は、作家自身の手作りとなるだけに、作家の人間性も作品に反映されることになります。好奇心を持って見聞を広め人間性を高めましょう。それは必ず作品に良い影響を及ぼすはずです。

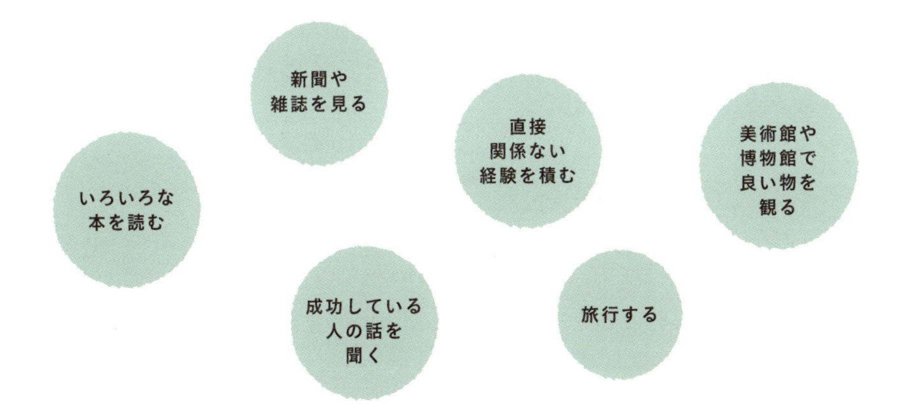

キャリアアップ

THEORY 091

作家活動を続けることで価値を高める。

アーティストとしての価値を高めるためには、
展示会やリアル出展など地道な活動を
継続して続けることが大切です。

アーティストとして意味ある活動を続ける

作家として信頼感を得るために、「活動を継続していること」はとても大切です。ほとんど活動していない作家と積極的に活動している作家を比べた場合、「活動していない＝やる気がない＝作品クオリティが低いだろう」「積極的に活動している＝やる気がある＝作品クオリティが高いだろう」という印象を与えるからです。ですから、展示会、手作り市などのリアル出店、イベント参加、ワークショップ開催など、意味ある活動を続けることが大切です。

これらの活動は、ホームページや自己紹介ページに掲載してください。イベント出展などは、年月日を入れるとより活動している感が伝わります。できれば、その年月日があまり空かないように活動すると良いでしょう。そうすることで、積極的に活動していることが伝わり、ファンに応援しようという気持ちを持ってもらえるものです。

ワークショップ　イベント参加　グループに参加

個展や展覧会　ポップアップ・ストア

キャリアアップ

イベント参加や仲間作りでモチベーションを上げる。

活動を続けていくには、
心の栄養も必要です。知らない人と出会い、
話をし、良い刺激を受けましょう。

グループやイベントに参加してみる

常に新鮮な気持ちでいる、ということも作家活動には大事なことです。そのために、いろいろな人と交流してみましょう。自分で何かハンドメイドのグループを作っても良いですし、ハンドメイド作家が集まっている団体があれば加盟するという形でも良いでしょう。

また、ハンドメイドのイベントは、ハンドメイドマーケット主催のものをはじめ全国各地でたくさん開催されています。ネットで検索したり、地元自治体などから情報を集めれば、参加できるものが見つかるはずです。作品展示と販売もできますし、お客様の反応も直接感じることができます。何より、一緒にがんばっている仲間がいるということは、モチベーション持続に影響します。創作意欲の継続は非常に大切です。

仲間ができたら、自分たちでイベントや展示会を企画・開催しても良いでしょう。初めは大変ですが、回を重ねていけば協力者も増えより良いイベントになっていくはずです。

ハンドメイドマーケット主催の販売会

定期開催の手作り市

イベントに合わせた販売会

etc...

キャリアアップ

THEORY
093

コンテストは傾向と対策を考えて本気で参加する。

コンテストの経験はあなたを成長させ、
次のステップへとつなげてくれます。
目的意識を持ってチャレンジしてみましょう。

コンテストへの参加は、客観的な評価を得られるチャンス

「コンテスト＝他人の評価」です。その評価を気にしながら自分の特徴を出した作品を作ることは、自分の作品を客観的に見る良い機会になります。また、コンテスト入賞作品を見て勉強になることも多く、作家としての視野が広がります。もちろん、入賞すればプロフィールに掲載してアピールすることができます。このように、コンテストへの参加は、今後の創作活動に役立つことが多いのです。

本気でチャレンジする

コンテストに応募するときには、本気で入賞を狙う気持ちが大切です。参加することが目的だったり「まあまあでいいや」という思いでは、参加するメリットはさほど得られません。継続して開催しているコンテストであれば、昨年度までの状況をネットで確認して、傾向と対策を自分なりに考えてください。何も考えないで、ただ漠然と出してしまうと、入選しても入選しなくても、何が良くて何が悪かったのかがわかりにくくなります。

「今回はこういう方針で行こう」と考えていれば、入選したら自分の対策が正しかったことになり、入選しなかったのであれば自分の作品が劣ってい

る点がわかるはずです。
　次のステップにつなげるためにも、本気でチャレンジしてください。

目に見えない信用となる

　コンテストでたとえ入賞しなかったとしても、○○コンテスト出品作品としてお客様にアピールすることができます。コンテストに応募していることで、創作に励んでいるイメージを与えることもできます。お客様は、「コンテストに応募しているくらいだから、それなりのクオリティがあるはず。購入しても対応がしっかりしているだろう」とイメージします。それは目に見えない信用となります。コンテストには締め切りがあり、産みの苦しみがありますが、作家として決してムダな経験にはなりません。

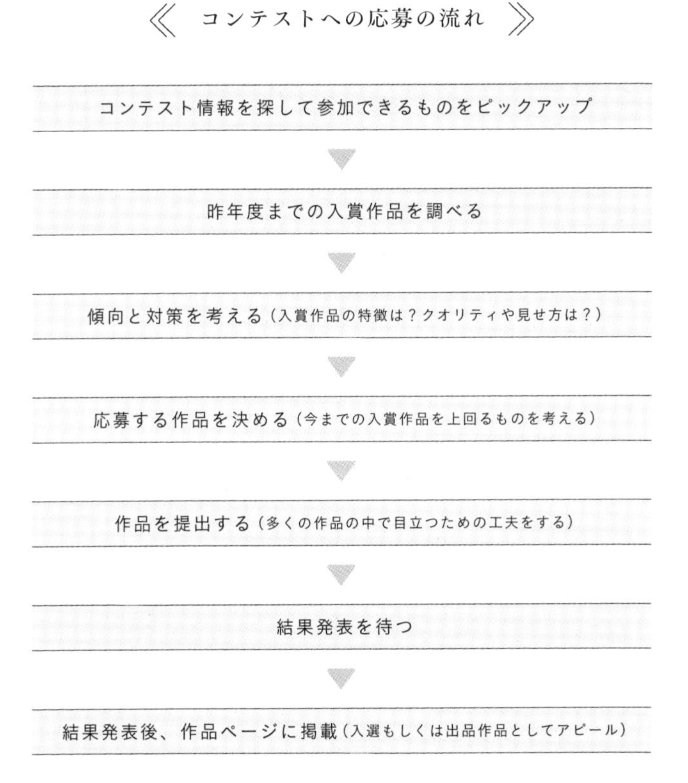

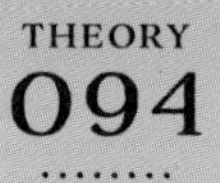

手に取ってもらう機会を作り批評を受ける。

作品を多くの方に見てもらい批評してもらうことも、
作家としてのスキルアップにつながります。

展示期間を決めて行動する

イベントで展示する、実店舗でスペースを借りて展示販売する、個展やグループ展を開くなど、実際に手に取ってもらう機会を作りましょう。

発表の場を作ってしまえば、おのずから行動が必要になります。まず展示販売期間が決まっているので、構想から完成までのスケジュール管理が必要となります。テーマやコンセプトも必要となるので、より作品作りを掘り下げ真剣にならざるを得ません。これらの過程があなたを成長させ、スキルアップにつながります。作品の批評は様々であっても、すべてはヒントを貰ったと捉えて次に活かしてください。批評はあなたの現在地でもあります。良いことより悪いことの方が、何か足りないものを気付かせてくれます。その批評が厳しいものであればあるほど、成長の糧になるはずです。また、思わぬ商品が売れたり、思っても見ないことを褒められたりと、自分では気が付かない魅力を知るきっかけにも成りえます。

トライ＆エラーでチャンスをつかむ

実際に行動してみると、思ったような客層ではなかったり、あまり売れなかったり……といったこともあります。でもその結果を得たこと自体に意味があります。「結果が出なかったのはなぜだろう」「うまくいっている人は何をしているのかな」とトライ＆エラーをすれば、次にうまくいく確率が上がっていくからです。また、その時ダメだなと思っても、そこで生まれた人の縁から、次のチャンスが舞い込むことも考えられます。行動し続けている人に、人脈とチャンスは訪れるのです。

キャリアアップ

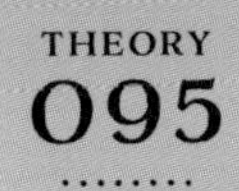

実店舗で扱ってもらい作品価値を高める。

作家としては、作品を実店舗で扱ってもらえることも
実力のひとつです。積極的にアプローチしましょう。

小売店や百貨店での販売を目指す

最近では一流百貨店が、ハンドメイド作家の商品を期間限定ショップ内で取り扱うことが増えました。百貨店は、お客様に新鮮な驚きや、新しい価値を提供しようと考えています。その施策のひとつとしてハンドメイド作品を取り扱っているのです。百貨店以外の実店舗でも同様で、お店の価値を高めてくれる商品として、手作りアイテムを取り扱っています。ですから、百貨店や魅力的なセレクトショップ、雑貨店などで商品を置いてもらえたということは、その店舗で価値を認められた証拠です。

飛び込みで営業するのは難しいですが、人脈からチャンスがあれば積極的にアプローチしてください。お店側は販売のプロです。作品についての要望や意見も出てきますので、それに対応できる技量も必要となります。要望に応えるのもプロとしての仕事ですし、その経験も確実にスキルアップにつながります。

取扱い実店舗はネット上にも掲載しましょう。「店舗で扱っている＝作品価値がある」ということで評価されます。また、少しでも取扱い店の客足が増えれば、ショップ側の利益にもつながります。Win-Winの関係を築き、継続的に関係が続くように努力しましょう。

キャリアアップ

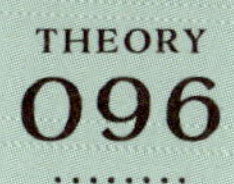

即売会でバイヤーをつかまえる。

百貨店や雑貨店のバイヤーや企画担当者は、
手作り市などで作家を探しています。
声がかかるよう積極的に工夫しましょう。

話し方やビジネスとしての姿勢が大切

ハンドメイド市場が注目を集め、百貨店や小売店のバイヤー、広告代理店の企画担当者、編集者といった人達もこのマーケットに注目しています。新しい取扱い商品や、企画で一緒に仕事ができる作家さんを探すために、手作り市やハンドメイド関連のイベントを訪れることも多いのです。

そこでチャンスをつかむにはどうしたらいいでしょうか？まずは作品の魅力を伝える展示が必須。さらにわかりやすいPOPで作家としての活動履歴や売りとなるポイントを伝えます。そして一番大切なのは「あなた自身の姿勢」です。作家として本気なのか、しっかり受け答えができる人なのか、レスポンスが早そうか、性格的に問題のある人でないか。企業担当者は「ビジネスのパートナー」を探しに来ています。商談をしに来ているのです。ですから、コミュニケーションがきちんととれて、人間的にもまともである、ということは非常に大切です。

《 展示会やイベントはプレゼンの場 》

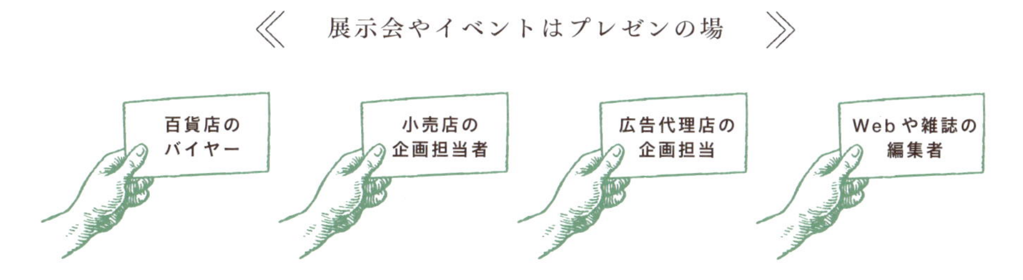

人気作家の人間性は似ている

ハンドメイド作家さんや、独立して活躍するクリエイターさんに共通して言えることがあります。それは、レスポンス（返事）が早くて的確、ということです。どんなに魅力的な仕事をする人でも、返事が遅い、約束を守れない人は長期的には声がかからなくなっていきます。また文句や愚痴を言う人も敬遠されます。できることはできる、できないことはできないとはっきりさせ、できることは笑顔で手がける人が売れっ子になっていきます。

作家さんやアーティストの方は、内気な人が多かったりします。イベントでも人と話すのを恥ずかしいと感じる人もいるのではないでしょうか。しかし本気で夢を実現させたいなら、恥ずかしがったり、弱気になっている暇はありません。そもそも、あなたのハンドメイド作家としての活動は、恥じなくてはならないものなのでしょうか？堂々と胸を張って言えるものであるはずです。スマホをずっと眺めていたり、座ってうつむいていたりせず、積極的に挨拶をして、自分をアピールしていきましょう。

これは対人だけでなく、価格についても言えることです。自信がなかったり、謙遜したりする人は弱気な価格を付けがちです。でも、百貨店で扱われれば、万単位の作品が売れていく世界です。そこを目指す以上、少し高いラインの商品も用意すると良いでしょう。

「自分の顔を出す」ことの是非

作家活動を続けていく中で、「自分の顔をメディアで露出するかどうか」という問題に直面することがあるかもしれません。売れてくるとインタビューを申し込まれたりと写真を撮られる機会も出てくるからです。私の考えとしては、恥ずかしがらずに出して良いと思います。顔に自信がある・ないという問題もあるかと思いますが、1枚だけ、とっておきのキメ顔写真を用意しておけば、いろいろな場面で使えて便利です。恥ずかしがらず、積極的に自分をアピールできるメンタルを持ってください。

キャリアアップ

THEORY 097

コラボレーションで作品の幅を広げる。

作家として、オリジナルの世界観が確立されてきたら、
さらなる一歩のために次の展開を考えていきましょう。

高めあえる相手と共同制作

他の分野の人達とのコラボレーションも次の展開のひとつです。作品ジャンルによって相性はありますが、例えば布もの作家が作ったトートバックに刺繍作家がワンポイントを施す、ガラス作家の器にキャンドル作家がアロマキャンドルを入れる……といった具合です。共同制作以外にも、同じテーマやコンセプトで商品を開発しセット販売する方法もあります。魅力的に提案することができれば、それをきっかけに自分の作品の幅も広がります。またコラボレーションする相手のお客様にも作品を知ってもらえるので、認知度を高めることにもなります。

ただし知人・友人だからと言って、無理なコラボレーションはNGです。考えが合わず、仲たがいするリスクもあります。あくまで目的は販路拡大と作品の幅を広げることです。イメージダウンするようなことがないよう、より作品価値を高める相手を見付けてください。双方にとってメリットがあるコラボレーションになるはずです。

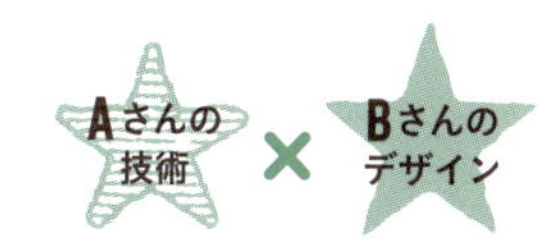

人に教えることで技術に磨きをかける。

ワークショップを行ったり、教室を開いたり。
自分の技術を他の人に伝えていくのも次の展開のひとつです。

自分の技術を見直すきっかけにも

人に自分の技術やセンスを教えるというのも、作家としてキャリアのひとつです。人に教えるということは、自分の技術を紐解き、ロジカルに解説することです。今まで当たり前のように行っていた作業でも、それがどういった意味があるのかを考える必要が出てきます。そこで自分に足りないものが見つかったり、さらに良い方法を研究したりと、新たな発見があります。いろいろな個性を持った生徒さんから気付かされることもあるでしょう。人に教えることで世界が広がり、自分の技術もさらに磨きがかかるのです。

生徒もあなたのファンのひとりといえます。その人のつながりで仕事が広がる可能性も秘めています。自らワークショップや教室を開くのも良し、講師として招かれるのも良しです。

キャリアアップ

海外進出に挑戦する。

ハンドメイドカルチャーはいまや世界で人気。
あなたの作品を海外にも届けましょう。

世界各国に向けて出品できる「Pinkoi」

ハンドメイド作家として実力が付いてきたら、日本国内だけでなく海外マーケット進出にも挑戦してみるのもひとつの手です。ハンドメイドカルチャーは、日本だけでなく、台湾や香港、シンガポール、タイといったアジア圏でも大きな広がりを見せています。Instagramで海外のフォロワーが増えてきた人もいるでしょう。そんな状況もあり、海外に向けて作品を販売できるハンドメイドマーケットも登場しています。代表格が台湾で2011年にスタートした「Pinkoi（ピンコイ）」です。主にアジア圏の作家7千人以上が、世界各国に向けて作品を登録・販売しており、日本ではiichiと業務提携しました。テキストの自動翻訳、各国通貨での決済に対応しており、簡単に売買が楽しめるようになっています。2016年10月現在、登録は審査制ですが、商品力を高めて挑戦してみてはいかがでしょうか。

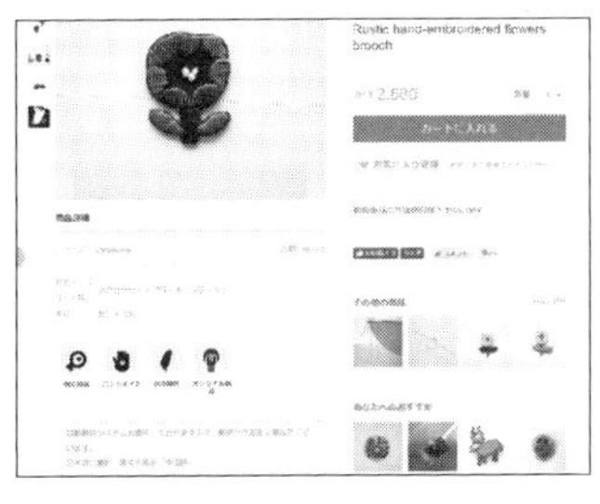

◀『アジア最大級のデザイナーズマーケット Pinkoi』
jp.pinkoi.com

目指せ海外の展示即売会

Pinkoiでは、日本のハンドメイドマーケット同様、展示即売会も開催しています。台湾で開催されているリアルイベント「好藝市（ハオイースー）」は、アジア各国からPinkoiの登録作家が出展し、盛り上がりを見せています。商品だけでなく、自分も海外へ行き、お客様や世界の作家と交流することは、良い刺激になるはずです。

Pinkoi主催イベント以外でも、チャンスと行動力があれば世界の展示会を目指すのも不可能ではありません。服飾系であれば、パリ・ファッションウィークのような業界の展示会もありますし、アート系ならば、世界のギャラリーの取り扱い作家を目指すという道もあります。世界進出と言うと遠い夢のように聞こえるかもしれませんが、地道な活動の先にチャンスはやってきます。目標を持って行動し続けましょう。

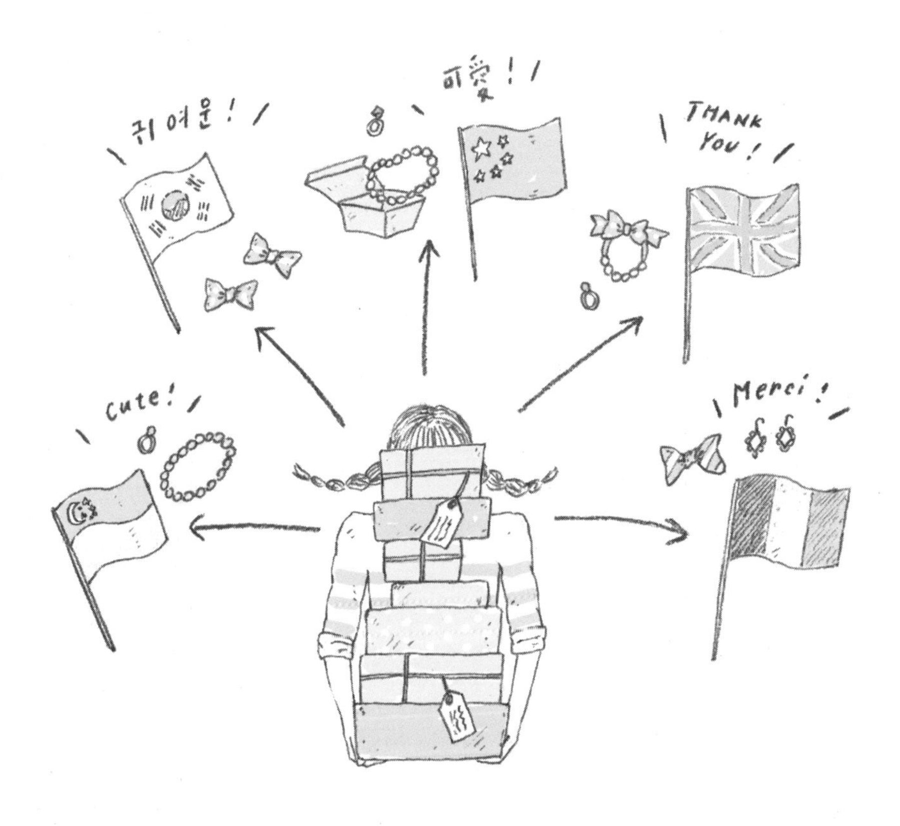

定期的に夢を見直す。

日常生活が忙しい中、描いた夢は忘れてしまいがち。
定期的に見直しその将来像を頭に描いてください。

定期的に見直し、初心を思い出す

何年も活動を続けていく中で、モチベーションの継続は大きな課題。思うように結果が出ないときでも、行動し前に進み続けるには、描いた夢を定期的に見直し、初心を思い出すことが大切です。

本書の冒頭で、あなたは夢の宣言をしたはずです。その将来の自分と現時点の自分を比べてみましょう。

「本気でがんばってきたか？」と自分に問いかけてみてください。どこか甘えがあったなら、夢への距離はまだ遠い状態かもしれません。でも、それでも良いのです。今の自分を把握して、もう一度進む気持ちを持つことが大切です。将来像を頭に描いて、さあ再スタートです。

《 PDCAサイクルで成長する 》

PLAN（計画） — DO（実行） — CHECK（評価） — ACTION（改善） → PLAN

ダウンロードサービスのご案内

本書で紹介した「ハンドメイド夢ノート」「コンセプトノート」などの
ワークシートをはじめ、Excelで使用できる「簡易帳簿」「顧客リスト」
「原価計算表」テンプレート、ラッピングに使える素材データなどをご用意しました。
以下の翔泳社ウェブサイトよりダウンロードしてぜひご利用ください。

1 翔泳社サイト(www.shoeisha.co.jp/book)から「ハンドメイド」で検索、または以下URLにアクセスしてください。
http://www.shoeisha.co.jp/book/detail/9784798146102

2 商品ページが開いたら、「ダウンロード」タブをクリックし、画面の手順にしたがってファイルを入手しましょう

《 ダウンロードファイルの内容 》

- 役立つ Excelファイル
- WORKシート
- 素材ファイル

Excelのテンプレートファイル

◎原価計算表

[記入例]

商品名 チャーム付きポーチ001

販売価格	販売目標数	完売時の売り上げ
¥5,000	50	¥225,000

■ブルーの欄を記入してください。オレンジの欄は自動計算で入力されます。
■1点当たりの利益が赤字になってしまうときは、コストカットできそうな部分の金額を変更したり、販売価格を上げてみましょう。

原価合計
¥2,080

原価率
42%

委託の掛け率(%)
90%

1点当たりの利益
¥2,420

完売時の利益
¥121,000

1点あたりの材料費合計
¥430

材料名	価格	いくつ作れるか	1商品当たりの価格
布	¥2,300	10	¥230
チャーム	¥200	1	¥200
	¥0	1	¥0
	¥0	1	¥0
	¥0	1	¥0
	¥0	1	¥0
	¥0	1	¥0
	¥0	1	¥0
	¥0	1	¥0
	¥0	1	¥0
全購入金額小計	¥2,500		¥430

1点あたりの人件費合計
¥1,600

自分の時給(欲しい金額)	1つ当たりの制作時間(単位:時	1点あたりの自分の人
¥800	2	¥1,600

外注費	何点分の外注費かを記入	1点あたりの外注費
¥0	1	¥0
¥0	1	¥0

その他の経費合計
¥50

材料名	価格	いくつ作れるか	1商品当たりの価格
撮影に関するコスト	¥1,200	60	¥20
梱包に関するコスト	¥500	20	¥25
アトリエ維持に関するコスト	¥0	200	¥0
通信費	¥0	200	¥0
	¥0	1	¥0
	¥0	1	¥0
	¥0	1	¥0
	¥0	1	¥0
	¥0	1	¥0

機材名	投資した機材の価格	いくつ作れるか	1個当たりの価格
アイロン	¥5,000	1000	¥5
	¥0	1	¥0
	¥0	1	¥0

◀価格や材料費などを見直すことのできるファイルです

◎簡易帳簿

[簡易帳簿]

ハンドメイドアクセサリー MARI'WORK

2016　年度 11月

入金合計額 ¥98,160

出金合計額 ¥33,012

日付	費目	内訳	摘要・メモ	入金 口座	入金 現金	出金 口座	出金 現金
2016/11/5	売上	minne売上	9月分売上 ネックレス 2点、ピアス5点	¥12,030	¥0	¥0	¥0
2016/11/20	売上	店頭販売 売上	鬼子母神 手作り市売上 ピアス4点	¥0	¥12,000	¥0	¥0
2016/11/20	売上	委託売上	雑貨店miu 委託分	¥12,030	¥0	¥0	¥0
2016/11/22	経費	材料費	布(ドット柄)、支払先『サワダヤ』	¥0	¥0	¥0	¥3,012
2016/11/25	経費	その他経費	アトリエ家賃 12月分	¥0	¥0	¥30,000	¥0
2016/11/25	売上	店頭販売 売上	丸屋百貨店 POP UP SHOP(10月1～10/15開催分)	¥62,100	¥0	¥0	¥0
				¥0	¥0	¥0	¥0
				¥0	¥0	¥0	¥0
				¥0	¥0	¥0	¥0
				¥0	¥0	¥0	¥0
				¥0	¥0	¥0	¥0
				¥0	¥0	¥0	¥0
				¥0	¥0	¥0	¥0
				¥0	¥0	¥0	¥0
				¥0	¥0	¥0	¥0
				¥0	¥0	¥0	¥0
				¥0	¥0	¥0	¥0
				¥0	¥0	¥0	¥0
				¥0	¥0	¥0	¥0
				¥0	¥0	¥0	¥0

◀売り上げや経費を入力する習慣を付けましょう。PDF版もあります

◎顧客リスト

顧客リスト　　ショップ名　　通しNO.　001

NO.	氏名	郵便	住所	電話	メールアドレス	初回購入日	購入内容	リピート状況	備考
例	田中花子	111-1111	東京都世田谷区XXXX	080-XXX-XXXX	xxx@xxx.co.jp	2015/10/4	ポーチ1,000円×1	有	minne経由
001									
002									
003									
004									
005									
006									
007									
008									
009									

◀お客様の情報を入力しましょう。PDF 版もあります

ワークシート

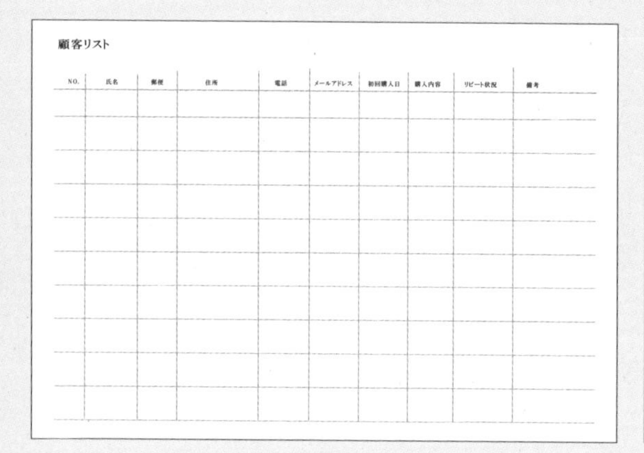

顧客リスト

NO.	氏名	郵便	住所	電話	メールアドレス	初回購入日	購入内容	リピート状況	備考

目標ごとに計画と　TO DO を書き出す

目標	計画	TO DO

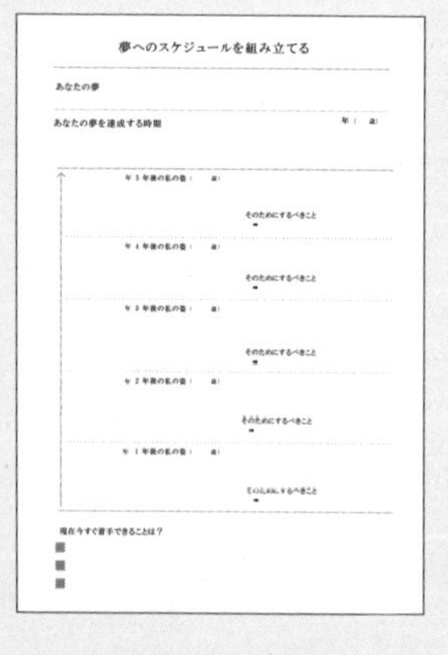

夢へのスケジュールを組み立てる

あなたの夢

あなたの夢を達成する時期　　年（　歳）

年 5 年後の私の姿（　歳）

そのためにするべきこと
➡

年 4 年後の私の姿（　歳）

そのためにするべきこと
➡

年 3 年後の私の姿（　歳）

そのためにするべきこと
➡

年 2 年後の私の姿（　歳）

そのためにするべきこと
➡

年 1 年後の私の姿（　歳）

そのためにするべきこと
➡

現在今すぐ着手できることは？

■
■
■

夢の宣言

夢の宣言項目

■ 夢を書き出した
■ 夢を目につくところに貼った
■ 夢を声に出す時間を決めた
■ 身内以外の外に向かって宣言した
■ 人に話した

あなたの作品チェック

あなたの作品の
客観的評価

人気作家との違い

ゆずれないこだわり

スキルアップのために
すべきこと

コンセプトノート

影響をうけたと思うこと、好きだったもの

メッセージをキャッチコピーにする

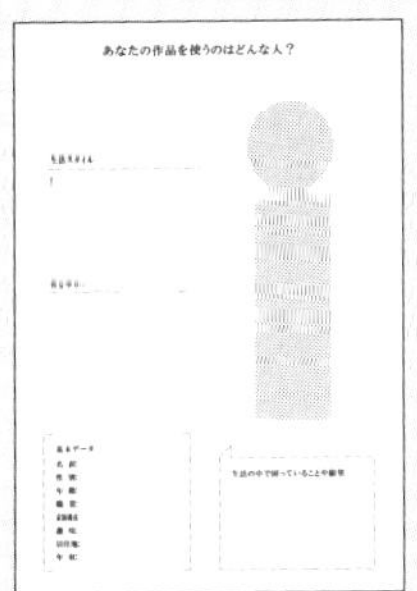

売れている作品を研究する

売れている作品で気がついたこと

人気作品の良いところ　その理由

自分の作品の悪いところ　その理由

やるべきこと

自己紹介で伝えたいことをいったんすべて書き出す

いつから制作しているのか？

どんな風にして技術を高めたのか？

イベント等への出展歴、受賞歴

何を大切にして制作しているのか？

作品コンセプトは何か？

自信があるところはどこか？

ライフスタイル

キーワードを5W1H で書き出そう

あなたの作品から得られることを、
物語で書いてみる。

あなたの作品はどんなものですか？

あなたの作品はどんなシチュエーションで使われますか？

シチュエーションを写真で表すにはどんなシーンがいい？

どんな演出をする？

SNS ごとの運用ルールを決める

SNS
写真内容
スタイリング
更新頻度
その他

SNS
写真内容
スタイリング
更新頻度
その他

SNS
写真内容
スタイリング
更新頻度
その他

実践チェックシート100

theory		check!
001	売るために良いと思うことは、すべて実践する。〔行動計画〕	実践日　年　月　日
002	夢ノートに未来の自分の姿を書き出す。〔事業計画〕	実践日　年　月　日
003	夢を目標・計画に落とし込む。〔事業計画〕	実践日　年　月　日
004	夢に締め切りをつける。〔事業計画〕	実践日　年　月　日
005	夢をみんなに宣言する。〔事業計画〕	実践日　年　月　日
006	自分の商品を客観的に見てみる。〔自己分析〕	実践日　年　月　日
007	商品コンセプトは影響を受けたものを基に考える。〔自己分析〕	実践日　年　月　日
008	5W2H を理解する。〔販売計画〕	実践日　年　月　日

素材ファイル

ちょっとしたタグなどに使える素材ファイルです。
個別のPNG ファイルとA4にまとめてプリントできるPDF をご用意しました

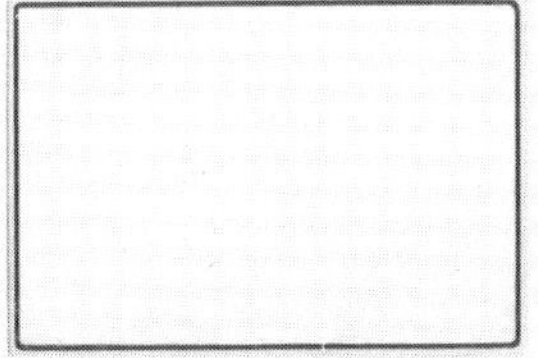

あとがき

本書をお読みいただき、誠にありがとうございます。皆さんは「よし、がんばろう」という気持ちになっていることと思います。その気持ちが夢の実現にはもっとも重要です。WEBセミナーでは「売る秘訣は何ですか？」と多くの人が魔法の言葉を求めてきます。100のTHEORYを読んだ皆さんは気がついているはずです。秘訣も魔法の言葉もありません。やるべきことをやるかやらないか？目標を具体化して努力できるかどうか？それが秘訣に他なりません。

多くのネットショップをこれまで見てきましたが、成功する人に共通しているのは継続し積み重ねられる力があることです。うまくいかないとき、それを自分のおかれた環境や他のせいにしても前進することはできません。他人を羨んでも何も変わりません。今感じている「よし、がんばろう」という気持ちを持ち続けてください。疲れたときには一休みしてリフレッシュ、夢を再確認すればモチベーションが戻ってきます。簡単にあきらめてしまうような夢なら、本当の夢ではありません。好きな道を努力することは辛いことではないはず。楽しみながらチャレンジしてください。

皆さんの思い描くライフスタイルが実現し、夢がかなうことを願っています。

2016年10月
株式会社ウィルマート
田中 正志

著者プロフィール
田中 正志（たなか・まさし）

株式会社ウィルマート（Yahoo! JAPAN コマースパートナーエキスパート企業）代表取締役。WEBプロデューサーとして、多くの企業・店舗のサイト運営に携わり、売上アップ・経営改善のコンサルティング、クリエイティブワークを行っている。また、WEB関連セミナー講師としても活躍している。著書に「インターネットにお店を持つ方法〜ネットショップ開業で夢を叶えた12人の女性オーナーたち（翔泳社）」、「小さなお店のYahoo! ショッピング出店・運営ガイド（翔泳社）」、他。「できることからひとつずつ」「ヒントは日々の生活に」が持論。
http://company.willmart.jp/

装丁／本文デザイン ✿ いわなが さとこ
デザインアシスタント ✿ 山元 美乃
装画・挿絵 ✿ Maori Sakai
編集 ✿ 古賀 あかね
取材撮影 ✿ 壬生 マリコ（まちとこ）
取材執筆 ✿ 石塚 由香子（まちとこ）、渡辺 裕希子（まちとこ）、中村 杏子（まちとこ）

ハンドメイドで夢をかなえる
本気で売るために
実践すること100

2016年11月01日　初版第1刷発行

著　者　田中 正志（たなか まさし）
発行人　佐々木 幹夫
発行所　株式会社 翔泳社（http://www.shoeisha.co.jp）
印刷・製本　凸版印刷 株式会社

ISBN 978-4-7981-4610-2　Printed in Japan.